水利工程项目建设与水资源利用研究

李付林　于瀛瀛　张永恒◎著

吉林科学技术出版社

图书在版编目（CIP）数据

水利工程项目建设与水资源利用研究 ／ 李付林，于
瀛瀛，张永恒著. -- 长春 ： 吉林科学技术出版社，
2023.5
　　ISBN 978-7-5744-0500-4

　　Ⅰ．①水… Ⅱ．①李… ②于… ③张… Ⅲ．①水利工
程管理－项目管理－研究②水资源利用－研究 Ⅳ.
①TV512②TV213.9

　　中国国家版本馆 CIP 数据核字(2023)第 105687 号

水利工程项目建设与水资源利用研究

作　　者　李付林　于瀛瀛　张永恒
出 版 人　宛　霞
责任编辑　赵　沫
幅面尺寸　185 mm×260mm
开　　本　16
字　　数　280 千字
印　　张　12.25
版　　次　2023 年 5 月第 1 版
印　　次　2023 年 5 月第 1 次印刷

出　　版　吉林科学技术出版社
发　　行　吉林科学技术出版社
地　　址　长春市净月区福祉大路 5788 号
邮　　编　130118
发行部电话/传真　0431-81629529　81629530　81629531
　　　　　　　　　　81629532　81629533　81629534

储运部电话　0431-86059116

编辑部电话　0431-81629518

印　　刷　北京四海锦诚印刷技术有限公司

书　　号　ISBN 978-7-5744-0500-4
定　　价　65.00 元

前　言

水资源是自然环境的重要组成部分，又是环境生命的血液。它不仅是人类与其他一切生物生存的必要条件，也是国民经济发展不可缺少和无法替代的资源。随着人口与经济的增长，水资源的需求量不断增加，水环境又不断恶化，水资源短缺已经成为全球性问题。因此，加强对水资源的合理开发以及可持续利用显得尤为重要。与此同时，经济与科学技术的发展，也使水利事业在国民经济中的命脉和基础产业地位愈加突出；水利工程建设水平的提高更是对进一步促进水能水电的开发利用、保护生态环境、促进我国经济发展具有举足轻重的重大意义。

我国的地势由西至东逐渐降低，从北到南，多条水系，水利工程不仅对农业起到至关重要的作用，还可以治理水患，保证人民安居乐业，不受洪水侵害。近几年，国家大力投资水利公益建设，采取国内外先进施工工艺，取得了较高成就，三峡工程、黄河小浪底水利枢纽工程、"南水北调"工程、三江治理达标工程等多项享誉国内外的优质工程，为国际水利事业提供了宝贵经验，同时向世界展示了中国智慧、中国雄风。

水利工程项目建设主要指在流域通过对水资源利用而建设的工程项目，水利工程建设对生态环境既有积极影响，又有消极影响。要了解这些影响，需要搭建健全的生态环境评价机制，生成成熟的环境预防举措，形成合理的生态环境补偿机制，促进水利工程建设与生态环境实现可持续发展共存。本书主要研究水利工程项目建设与水资源利用，首先介绍了水利工程建设；然后分析了水利工程项目建设造价控制、进度管理及质量监督；接下来研究了水资源配置与规划、水资源开发利用工程、水资源的综合利用以及水资源评价与保护。本书内容全面，结构完整，力求体现理论性、实用性的特点，能够为水利工程项目建设与水资源利用研究提供指导。

目　录

第一章 水利工程建设概述

第一节 水利工程建设的程序

一、水利工程建设的设计阶段划分

工程建设程序是指从设想、规划、设计、施工到竣工验收、投入生产运行整个建设过程中，各项工作必须遵循的先后次序。水利工程建设由于工作内容不同，其程序从开始到终结可分为不同的阶段。一般而言，可分为规划、设计、实施、运营四个阶段。世界银行贷款项目生命周期包括项目选定、项目准备、项目评估、项目谈判、项目执行、项目总结评价六个阶段。西方某些国家将投资项目分为投资前期、投资时期、投资回收期。我国水利行业和电力行业的设计阶段的划分略有不同，但主要内容均包含其中。如水利水电工程（水利行业）设计阶段一般分为项目建议书、可行性研究报告、初步设计、招标设计和施工图设计五个阶段；水电工程（电力行业）设计阶段划分为预可行性研究报告、项目建议书、可行性研究报告、招标设计、施工详图设计等阶段。

二、各设计阶段的主要内容

（一）预可行性研究的主要内容

水电工程预可行性研究报告的编制，应在江河流域综合利用规划或河流（河段）水电规划以及电网电源规划（以下统称规划）的基础上进行，贯彻国家有关方针、政策、法令，还应符合有关技术规程、规范的要求。

水电工程预可行性研究报告的主要内容与项目建议书阶段基本相同，但各项工作的深度不同，随着工作深度的增加要求更高、更具体。

水电工程预可行性研究报告的编制按概述、建设必要性及工程开发任务、水文、工程

1

地质、工程规模、水库淹没、环境影响、枢纽工程、机电及金属结构、施工、投资估算及资金筹措设想和经济初步评价的顺序依次编排。

（二）项目建议书的主要内容

项目建议书是在预可行性研究之后的阶段性设计工作，在江河流域综合利用规划之后，或河流（河段）水电规划以及电网电源规划基础上进行的设计阶段。编制项目建议书须结合资源情况、建设布局等条件要求，经过调查、预测和分析，向国家计划部门或行业主管部门提出投资建设项目建议。项目建议书是基本建设程序中的一个重要环节，是国家选择项目的依据，项目建议书经批准后，将列入国家中长期经济发展计划，是开展可行性研究工作的依据。对拟建项目的社会经济条件进行调查和开展必要的水文、地质勘测工作，主要任务是论证拟建工程在国民经济发展中的必要性、技术可行性、经济合理性。

项目建议书的编制，按总则、项目建设的必要性和任务、建设条件、建设规模、主要建筑物布置、工程施工、淹没及占地处理、环境影响、水土保持、工程管理、投资估算及资金筹措、经济评价和结论与建议的顺序依次编排。主要研究内容包括：河流概况及水文气象等基本资料的分析；工程地质与建筑材料的评价；工程规模、综合利用及环境影响的论证；初步选择坝址、坝型与枢纽建筑物的布置方案；简述土地征用、移民专项设施内容，初拟主体工程的施工方法，进行施工总体布置、估算工程总投资，工程效益的分析和经济评价等。项目建议书阶段的成果，作为国家和有关部门做出投资决策及筹措资金的基本依据。

（三）可行性研究（含原有的初步设计阶段）的主要内容

项目建议书经批准后，应紧接着进行可行性研究。可行性研究阶段的主要设计内容包括：对水文、气象、工程地质以及天然建筑材料等基本资料做进一步分析与评价；论证该工程及主要建筑物的等级；进行水文水利计算，确定水库的各种特征水位及流量，选择电站的装机容量和主要机电设备；论证并选定坝址、坝轴线、坝型、枢纽总体布置及其他主要建筑物的结构形式和轮廓尺寸；选择施工导流方案，进行施工方法、施工进度和总体布置的设计，提出主要建筑材料、施工机械设备、劳动力、供水、供电的数量和供应计划；进行环境影响评价，提出水库移民安置规划，进行水土保持、水资源评价等专项工作。提出工程总概算；进行经济技术分析，阐明工程效益。最后要提交可行性研究的设计文件，包括文字说明和设计图纸及有关附件。

编制可行性研究报告时，应对工程项目的建设条件进行调查和必要的勘测，在可靠资料的基础上进行方案比较，从技术、经济、社会、环境、土地征用及移民等方面进行全面分析论证，提出可行性评价。可行性研究报告阶段尚应进行环境影响评价、水土保持、水资源评价等专项审查。

可行性研究报告经批准后是确定建设项目、编制初步设计文件的依据。

可行性研究报告的主要内容与项目建议书阶段、预可行性研究报告基本相同，但各项工作的深度不同，要求也更高、更具体，这里不再列出。

可行性研究报告的编制按综合说明、水文、工程地质、工程任务和规模、工程选址、工程总布置及主要建筑物、机电及金属结构、工程管理、施工组织设计、水库淹没处理及工程永久占地、环境影响评价、工程投资估算和经济评价的顺序依次编排。

（四）招标设计的主要内容

招标文件分为三类：主体工程招标文件、永久设备招标文件和业主委托的其他工程的招标文件。

招标设计是在批准的可行性研究报告的基础上，将确定的工程设计方案进一步具体化，详细定出总体布置和各建筑物的轮廓尺寸、材料类型、工艺要求和技术要求等。其设计深度要求做到可以根据招标设计图较准确地计算出各种建筑材料的规格、品种和数量，混凝土浇筑、土石方填筑和各类开挖、回填的工程量，各类机械、电气和永久设备的安装工程量等。根据招标设计图所确定的各类工程量和技术要求以及施工进度计划，监理工程师可以进行施工规划并编制出工程概算，作为编制标底的依据。编标单位则可以据此编制招标文件，包括合同的一般条款、特殊条款、技术规程和各项工程的工程量表，满足以固定单价合同形式进行招标的需要。施工招标单位，也可据此编制施工方案并进行投标报价。

（五）施工详图设计阶段

施工详图设计是在初步设计和投标设计的基础上，针对各项工程的具体施工要求，绘制施工详图。施工详图设计的主要任务是：进行建筑物的结构和细部构造设计；进一步研究和确定地基处理方案；确定施工总体布置和施工方法，编制施工进度计划和施工预算等；提出整个工程分项分部的施工、制造、安装详图；提出工艺技术要求等。施工详图是工程施工的依据。

在上述各阶段的设计中，必须有和各设计阶段精度相适应的勘测调查资料。这些资料包括以下内容：

1. 社会经济资料

包括：枢纽建成后库区的淹没范围及移民、房屋拆迁等；枢纽上下游的工业、农业、交通运输等方面的社会经济情况；供电对象的分布及用电要求；灌区分布及用水要求；通航、过木、过鱼等方面的要求；施工过程中的交通运输、劳动力、施工机械、动力等方面的供应情况。

2. 勘测资料

包括：水库和坝区地形图、水库范围内的河道纵断面图、拟建的建筑物地段的横断面图等；河道的水位、流量、洪水、泥沙等水文资料；库区及坝区的气温、降雨、蒸发、风向、风速等气象资料；岩层分布、地质构造、岩石及土壤性质、地震、天然建筑材料等的工程地质资料；地基透水层与不透水层的分布情况、地下水情况、地基渗透系数等水文地质资料。

需要指出的是，工程地质条件直接影响着水利枢纽和水工建筑物的安全，对整个枢纽造价和施工期限有决定性的影响。但是地质构造中的一些复杂问题，常由于勘探工作不足，而没有彻底查清，造成隐患。有些工程在地基开挖以后才发现地质情况复杂，需要进行的地基处理工作十分困难和昂贵，以致把工期一再延长；有的甚至被迫停工或放弃原定坝址，造成严重的经济损失。有些工程由于未发现库区的严重漏水问题，致使建成后影响水库蓄水。也有些工程由于库区或坝址的地质问题而失事，产生严重的后果。这些教训应引起对工程地质问题的足够重视。水文资料同样是十分重要的，如果缺乏可靠的水文资料或对资料缺乏正确的分析，就有可能导致对水利资源的开发在经济上不够合理。更严重的是，有可能把坝的高度或泄洪能力设计得偏小，以致在运行期间洪水漫过坝顶，造成严重失事。对于多沙河流，如果对泥沙问题估计不足，就有可能在坝建成后不久便把水库淤满，使水库失去应有的作用。因此，枢纽设计必须十分重视各项基本资料。

三、水利水电工程概算

水利水电工程概算由工程部分、移民和环境部分构成。其中工程部分包括建筑工程、机电设备及安装工程、金属结构设备及安装工程、施工临时工程、独立费用；移民和环境部分包括水库移民征地补偿、水土保持工程、环境保护工程。

工程概算文件由概算正件和概算附件两部分组成。概算正件和概算附件均应单独成册并随初步设计文件报审。

概算正件包括编制说明和工程部分概算表两部分。其中编制说明包括工程概况、投资主要指标、编制原则和依据、概算编制中其他应说明的问题、主要技术经济指标表、工程概算总表；工程部分概算表包括各类概算表及其附表。概算附件主要包括人工预算单价计算表，主要材料预算价格计算表，施工用电、水、风价格计算书，砂石料、混凝土材料单价计算书，建筑工程、安装工程单价表，价差预备费计算表等计算表或计算书。

工程总投资又分静态总投资和总投资。静态总投资为建筑工程、机电设备及安装工程、金属结构设备及安装工程、施工临时工程、独立费用投资及基本预备费之和。总投资为建筑工程、机电设备及安装工程、金属结构设备及安装工程、施工临时工程、独立费用、基本预备费、价差预备费、建设期融资利息之和，即静态总投资、价差预备费、建设期融资利息之和。

第二节　水利水电工程施工组织设计

水利水电工程施工组织设计一般包括施工条件及其分析，施工导流，料场的选择与开采，主体工程施工，施工交通运输，施工工厂设施，施工总布置，施工总进度，主要材料、设备供应分析等。

一、施工条件及其分析

施工条件包括工程条件、自然条件、物质资源供应条件以及社会经济条件等。如工程所在地对外交通条件，上下游可以利用的场地面积和利用条件；选定方案枢纽建筑物的组成、形式、主要尺寸和工程量，工程的施工特点以及与其他有关单位的施工协调；施工期间通航、过木、供水、环保及其他特殊要求；主要建筑材料及工程施工中所用大宗材料的来源和供应条件；当地水源、电源的情况；一般洪、枯水季节的时段、各种频率的流量及洪峰流量、水位与流量关系、冬季冰凌情况及开河特性、洪水特征、施工区支沟各种频率洪水、泥石流以及上下游水利水电工程对本工程施工的影响；地形、地质条件以及气温、水温、地温、降水、冰冻层、冰情和雾的特性；承包市场的情况；国家、地方或部门对本工程施工准备、工期要求等。

施工条件分析须在简要阐明上述条件的基础上，着重分析它们对工程施工可能带来的影响和后果。

二、施工导流

施工导流设计应在综合分析导流条件的基础上，确定导流标准，划分导流时段，明确施工分期，选择导流方案、导流方式和导流建筑物，进行导流建筑物的设计，提出导流建筑物的施工安排，拟订截流、度汛、拦洪、排冰、通航、过木、下闸封堵、供水、蓄水、发电等计划。

三、料场的选择与开采

在料场选择时，根据详查要求分析混凝土骨料（天然和人工料）、石料、土料等各料场的分布、储量、质量、开采运输及加工条件、开采获得率和开挖弃淹利用率及其主要技术参数，进行混凝土和填筑料的设计和试验研究，通过技术经济比较选定料场。在料场开采时，经方案比较，提出选定料场的料物开采、运输、堆存、设备选择、加工工艺、废料处理、环境保护等设计；说明掺和料的料源选择，并附试验成果，提出选定的运输、储存和加工系统。

四、主体工程施工

主体工程包括挡水、泄水、引水、发电、通航等主要建筑物，应根据各自的施工条件，对施工程序、施工方法、施工强度、施工布置、施工进度和施工机械等问题进行分析比较和选择。必要时，对其中的关键技术问题，如特殊的基础处理、大体积混凝土温度控制、坝体临时度汛、拦洪及特殊爆破、喷锚等问题做出专门的设计和论证。

对于有机电设备和金属结构安装任务的工程项目，应对主要机电设备和金属结构，如水轮发电机组、升压输变电设备、闸门、启闭设备等的加工、制作、运输、拼装、吊装以及土建工程与安装工程的施工顺序等问题做出相应的设计和论证。

五、施工交通运输

施工交通运输分对外交通运输和场内交通运输。

对外交通运输：原有对外水陆交通情况，包括线路状况、运输能力、近期拟建的交通设施、计划运营时间和水陆联运条件等资料；本工程对外运输总量、逐年运输量、平均昼夜运输强度以及重大部件的运输要求；选定方案的线路标准（包括新建或改建），说明转运站、桥涵、隧洞、渡口、码头、仓库和装卸设施的规划布置以及重大部件的运输措施，水陆联运及与国家干线的连接方案以及对外交通工程的施工进度安排；施工期间过坝交通运输方案。

场内交通运输：场内主要交通干线的运输量和运输强度；场内交通主要线路的规划、布置和标准；场内交通运输线路、工程设施和工程量。

六、施工工厂设施

施工工厂设施，如混凝土骨料开采加工系统、土石料场和土石料加工系统、混凝土拌和及制冷系统、机械修配系统、汽车修配厂、钢筋加工厂、预制构件厂，以及风、水、电、通信、照明系统等，均应根据施工的任务和要求，分别确定各自的位置、规模、设备容量、生产工艺、工艺设备、平面布置、占地面积、建筑面积和土建安装工程量，提出土建安装进度和分期投产的计划。大型临建工程，如施工栈桥、过河桥梁、缆机平台等，要做出专门设计，确定其工程量和施工进度安排。

七、施工总布置

施工总布置的主要任务是根据施工场区的地形地貌、枢纽主要建筑物的施工方案、各项临建设施的布置要求，对施工场地进行分期、分区和分标规划，确定分期分区布置方案和各承包单位的场地范围，对土石方的开挖、堆料、弃料和填筑进行综合平衡，提出各类、房屋分区布置一览表，估计用地和施工征地面积，提出用地计划，研究施工期间的环境保护和植被恢复的可能性。

八、施工总进度

施工总进度的安排必须符合国家对工程投产所提出的要求。为了合理安排施工进度，必须仔细分析工程规模、导流程序、对外交通、资源供应、临建准备等各项控制因素，拟定整个工程，包括准备工程、主体工程和结束工作在内的施工总进度，确定项目的起讫日期和相互之间的衔接关系；对导流截流、拦洪度汛、封孔蓄水、供水发电等控制环节，工程应达到的形象面貌，须做出专门的论证；对土石方、混凝土等主要工种的施工强度，对劳动力、主要建筑材料、主要机械设备的需用量，要进行综合平衡；要分析施工工期和工程费用的关系，提出合理工期的推荐意见。

九、主要材料、设备供应

根据施工总进度的安排和定额资料的分析，对主要建筑材料（如钢材、钢筋、木材、水泥、粉煤灰、油料、炸药等）和主要施工机械设备，列出总需要量和分年需要量计划。

根据上述各项的综合分析，进行施工组织设计、安排施工进度表、编制施工组织设计文件、施工详图等作为施工的依据。

第三节　水利工程施工导截流工程

在河流上修建水工建筑物，除应保证建筑物本身应在"干地"条件下施工外，还应考虑原有河道施工期间的通航、筏运、渔业、灌溉以及水电站运行等水资源综合利用要求。施工导流就是研究水利水电工程在施工过程中，将原河道水流通过适当方式导向下游，并尽可能减小施工对原有功能的影响。因此，从广义上讲，施工导流工程包括"导、截、拦、蓄、排"等。即在河道上修筑围堰，截断河道水流迫使河水改道从导流建筑物或预留通道宣泄至下游，这就是通常所说的导、截流。由于导流建筑物的过流能力通常会小于原河道过流能力，因而修筑围堰会使上游水位壅高而产生拦蓄作用。此外，为保证建筑物的干地施工，应及时排除基坑积水。由此可以看出，施工导截流工程影响因素复杂，应根据具体工程的实际情况做具体分析。具体地说，施工导截流工程应完成如下几项主要任务：认真分析研究水文、地形、地质、水文地质、枢纽布置及施工条件等基本资料，在保证上述要求的前提下，选定导流标准、划分导流时段，确定导流设计流量；选择导流方案及导流建筑物的型式；确定导流建筑物的布置、构造及尺寸；拟定导流建筑物的修建、拆除、封堵的施工方法以及截断河床水流、拦洪度汛和基坑排水等措施。

一、施工导截流的设计标准

（一）导流设计标准

在建筑物的全部施工过程中，导流不仅贯穿始终，而且是整个水流控制问题的核心。所以，在进行施工导流设计时，应根据工程的基本资料，拟定可能选用的导流方式，确定导流设计标准、划分导流时段，确定设计施工流量，着手导流方案布置，进行导流的水力计算，确定导流拦水和泄水建筑物的位置和尺寸，通过技术经济比较，选定技术上可靠、经济上合理的导流方案。

（二）截流设计标准

在施工过程中，为保证各个施工项目的顺利进行，根据水文、地质、建筑物类型、布置以及施工能力等，合理选择和确定截流日期和截流设计流量是极为重要的。截流日期的选择应该是既要把握截流时机，选择在最枯流量时段进行，又要为后续的基坑工作和主要建筑物施工留有余地，不致影响整个工程的施工进度。

截流日期多选在枯水期初，流量已有明显下降的时候，而不一定选在流量最小的时刻。为了估计在此时段内可能发生的水情，做好截流的准备，须选择合理的截流设计流量。

二、施工导截流方式

（一）施工导流及导流方式

在河流上修建水利水电工程时，为了使水工建筑物能在干地上进行施工，需要用围堰围护基坑，并将河水引向预定的泄水通道往下游宣泄（导流）。

水利水电工程施工中经常采用的围堰，按其所使用的材料，可以分为土石围堰、草土围堰、钢板桩格型围堰和混凝土围堰等。

按围堰与水流方向的相对位置，可以分为横向围堰和纵向围堰。

按导流期间基坑淹没条件，可以分为过水围堰和不过水围堰。过水围堰除需要满足一般围堰的基本要求外，还要满足堰顶过水的专门要求。

选择围堰型式时，必须根据当时当地的具体条件，通过技术经济比较加以选定。

导流的基本方法大体上可分为两类：一类是分段围堰法导流，水流通过被束窄的河床、坝体底孔、缺口或明槽等往下游宣泄；另一类是全段围堰法导流，水流通过河床外的临时或永久的隧洞、明渠或河床内的涵管等往下游宣泄。

1. 分段围堰法导流

分段围堰法亦称分期围堰法，就是用围堰将水工建筑物分段分期围护起来进行施工的方法。所谓分段，就是在空间上用围堰将建筑物分成若干施工段进行施工。

2. 全段围堰法导流

全段围堰法导流，就是在河床主体工程的上下游各建一道拦河围堰，使河水经河床以外的临时泄水道或永久泄水建筑物下泄。主体工程建成或接近建成时，再将临时泄水道封堵。

在实际工作中，由于枢纽布置和建筑物形式的不同以及施工条件的影响，必须灵活应用，进行恰当的组合，才能比较合理地解决一个工程在整个施工期间的施工导流问题。

（二）截流及其方式

在施工导流中，截断原河床水流，才能最终把河水引向导流泄水建筑物下泄，在河床中全面开展主体建筑物的施工。截流实际上是在河床中修筑横向围堰工作的一部分。在大江大河中截流是一项难度比较大的工作。一般来说，截流施工的过程为：先在河床的一侧或两侧向河床中填筑截流戗堤，这种向水中筑堤的工作叫作进占。戗堤填筑到一定程度，把河床束窄，形成了流速较大的龙口。封堵龙口的工作称为合龙。在合龙开始以前，为了防止龙口河床或戗堤端部被冲毁，须采取防冲措施对龙口加固。合龙以后，龙口部位的戗堤虽已高出水面，但其本身依然漏水，因此，须在其迎水面设置防渗设施。在戗堤全线上设置防渗设施的工作叫闭气。所以，整个截流过程包括戗堤的进占、龙口范围的加固合龙和闭气等工作。截流以后，再在这个基础上对戗堤进行加高培厚，修成围堰。

截流在施工导流中占有重要地位，如果截流不能按时完成，就会延误整个河床部分建筑物的开工日期；如果截流失败，失去了以水文年计算的良好截流时机，则可能拖延工期达一年。所以，在施工导流中常把截流看作一个关键性问题，它是影响施工进度的控制性项目。

立堵法截流是将截流材料从龙口一端向另一端或从两端向中间抛投进占，逐渐束窄龙口，直至全部拦断。

平堵法截流先要在龙口架设浮桥或栈桥，用自卸汽车沿龙口全线从浮桥或栈桥上均匀地逐层抛填截流材料，直至戗堤高出水面为止。

截流设计时，应根据施工条件，充分研究两种方法对截流工作的影响，通过试验研究和分析比较来选定。有的工程亦有先用立堵法进占，而后在小范围龙口内用平堵法截流，称为立平堵法。严格说来，平堵法都先以立堵进占开始，而后平堵，类似立平堵法，不过立平堵法的龙口较窄。

截流戗堤一般是围堰堰体的一部分，截流是修建围堰的先决条件，也是围堰施工的第一道工序。如果截流不能按时完成，将制约围堰施工，直接影响围堰度汛的安全，并将延误永久建筑物的施工工期。

第四节　水利工程项目管理

一、水利工程项目管理的概念

项目与项目管理的概念和相关知识是 20 世纪 80 年代初为适应我国建设领域的改革需要，随着对外开放和交流而从外部引进的。经过多年的探索、总结、发展，水利工程建设领域逐步形成了以项目法人责任制、招标投标制、建设监理制为核心的建设管理体系，即以项目法人为核心的招标发包体系，以设计、施工、材料设备供应为核心的投标承包体系，以监理单位为核心的技术咨询服务体系，构筑了当前工程项目建设管理的基本格局。其目的在于促进参与工程建设的项目法人、承包商、监理单位三元主体，应用项目管理科学的、系统的方法，确保工程质量，提高投资效益，减轻风险，最优实现项目目标。

（一）项目

所谓项目就是在一定的约束条件下，具有特定目标的一次性事业（或活动）。它具有三个特征。

1. 目标性

项目的目标分为成果性目标和约束性目标两类。前者是指活动的最终结果，如水利工程项目的库容、发电量、防洪能力、供水能力等；后者是指活动过程中的控制目标，包括费用目标、质量目标、时间目标等。后者为前者的基础。

2. 一次性或单件性

该特征是指项目活动从内容、过程到资源投入都是独一无二的，其结果也是唯一的。项目的这个特征可用以区别于其他诸如车间流水生产线等大批量的人类生产活动。此项特征作为项目最重要的特征，其目的在于要重视项目过程各阶段的目标设计与控制。

3. 系统性

项目的系统性表现在以下几个方面：①结构系统。任何一个项目都可以进行结构分解，例如，水利水电工程可以逐级分解为许多单位工程、分部工程、分项工程、单元工程，直至每道工序。②目标系统。约束性目标可随结构分解而分解；项目的成果性目标之间也相互关联、相互制约，构成目标系统。③组织系统。项目一般由多个单位（组织）参与，每一个单位的人员都通过"组织"的手段进行分工和管理。④过程系统。任何一个项目，从其产生到终结，都有其特定的过程。项目的过程由若干个连续的阶段组成，每一个阶段的结束即意味着下一个阶段的开始，或者说上一阶段是下一阶段的前提。

在人类的各项活动中，符合上述内涵和特征的"活动"是很多的。从不同的角度可以分为许多种类。

从项目成果的内容可分为：开发项目、科研项目、规划项目、建设工程项目、社会项目（如希望工程、申办奥运、社会调查、运动会、培训）等。

从项目所处的阶段可分为：筹建项目，规划、勘察、设计项目，施工项目，评价项目等。

从项目的效益类型可分为：生产经营性项目、有偿服务性项目、社会效益性项目。

从项目实施的内容可分为：土建项目、金属结构安装项目、技术咨询服务项目等。

从专业（行业）性质可分为：水利、电力、市政、交通、供水、人力资源开发、环境保护等项目。

从不同角度看，工程建设项目还可分为新建、扩建、重建、迁建、恢复或维修等项目；按规模又可分为大型、中型、小型等项目。

对项目进行分类的目的，在于通过具体界定活动的内容及其目标，从而为规划、设计、施工、运行等过程实施管理奠定基础。

（二）项目管理

项目管理是指在项目生命周期内所进行的有效的规划、组织、协调、控制等系统的管理活动，其目的是在一定的约束条件下（如动工时间质量要求、投资总额等）最优地实现项目目标。

项目管理的特征与项目的性质密切相关，主要有以下特性：

1. 目标明确

项目管理的最终目的就是高效率地实现预定的项目目标。项目目标是项目管理的出发点和归宿。它既是项目管理的中心，也是检验项目管理成败的标准。

2. 计划管理

项目管理应围绕其基本目标，针对每一项活动的期限、资源投入、质量水平做出详细规定，并在实施中加以控制、执行。

3. 系统管理

项目管理是一种系统管理方法，这是由项目的系统性所决定的。项目是一个复杂的开放系统，对项目进行管理，必须从系统的角度出发，统筹协调项目实施的全过程、全部目标和项目有关各方的活动。

4. 动态管理

由于项目人员和资源组织的临时性、项目内容的复杂性和项目影响因素的多变性，项目的执行计划应根据变化的情况及时做出调整，围绕项目目标实施动态管理。

在项目管理发展的过程中，项目管理的内容也一直处于不断更新和丰富中，其内涵也在不断拓宽，并从管理的技能和手段上升为一门学科——项目管理学。从现代的观点来看，项目管理的内容涉及项目范围管理、项目时间管理、项目费用管理、项目质量管理、项目人力资源管理、项目沟通管理、项目风险管理、项目采购管理等。

二、工程项目建设管理

（一）项目法人责任制

法人是具有民事权利能力和民事行为能力，依法独立享有民事权利和承担民事义务的组织。法人是由法律创设的民事主体，是组织在法律上的人格化。实行项目法人责任制是适应发展社会主义市场经济，转换项目建设与经营体制，提高投资效益，实现我国建设管理模式与国际接轨，在项目建设与经营全过程中运用现代企业制度进行管理的一项具有战略意义的重大改革措施。

根据水利行业特点和建设项目不同的社会效益、经济效益和市场需求等情况，可将建设项目划分为生产经营性、有偿服务性和社会公益性三类项目。新开工的生产经营性项目原则上都要实行项目法人责任制，其他类型项目应积极创造条件，实行项目法人责任制。

1. 项目法人及组成

投资各方在酝酿建设项目的同时，即可组建并确立项目法人，做到先有法人，后有项目。

国有单一投资主体投资建设的项目，应设立国有独资公司；两个及两个以上投资主体合资建设的项目，要组建规范的有限责任公司或股份有限公司。

独资公司、有限责任公司、股份有限公司或其他项目建设组织即为项目法人。

2. 项目法人的主要管理职责

项目法人对项目的立项、筹资、建设和生产经营、还本付息以及资产的保值增值的全过程负责，并承担投资风险。

（1）负责筹集建设资金，落实所需外部配套条件，做好各项前期工作。

（2）按照国家有关规定，审查或审定工程设计、概算、集资计划和用款计划。

（3）负责组织工程设计、监理、设备采购和施工的招标工作，审定招标方案。要对投标单位的资质进行全面审查，综合评选，择优选择中标单位。

（4）审定项目年度投资和建设计划；审定项目财务预算、决算；按合同规定审定归还贷款和其他债务的数额，审定利润分配方案。

（5）按国家有关规定，审定项目（法人）机构编制、劳动用工及职工工资福利方案等，自主决定人事聘任。

（6）建立建设情况报告制度，定期向水利建设主管部门报送项目建设情况。

（7）项目投产前，要组织运行管理班子，培训管理人员，做好各项目生产准备工作。

（8）项目按批准的设计文件内容建成后，要及时组织验收和办理竣工决算。

3. 项目法人的设立

新上项目在项目建议书被批准后，应及时组建项目法人筹备组，具体负责项目法人的筹建工作，项目法人筹备组应主要由项目的投资方派代表组成。

有关单位在申报项目可行性研究报告时，须同时提出项目法人的组建方案。否则，其项目可行性研究报告不予审批。

项目可行性研究报告经批准后，正式设立项目法人，并按有关规定确保资本金按时到位，同时及时办理公司设立登记。

国家重点建设项目的公司章程须报国家计委备案，其他项目的公司章程按项目隶属关系分别报有关部门、地方计委备案。

（二）招标投标制

招标投标是最富有竞争性的一种采购方式，能为采购者带来经济质量、货物或服务。我国推行工程建设招标投标制是为了适应社会主义市场经济的需要，促使建筑市场各主体之间进行公平交易、平等竞争，以确保建设项目质量、建设工期和建设投资计划。

1. 招标的范围和方式

（1）招标的范围

在中国境内进行下列工程建设项目包括项目的勘测、设计、施工、监理以及与工程建设有关的重要设备、材料等的采购必须进行招标：

①大型基础设施、公用事业等关系社会公共利益、公众安全的项目。

②全部或者部分使用国有资金投资或者国家融资的项目。

③使用国际组织或者外国政府贷款、援助资金的项目。

（2）招标的方式

招标的方式分为公开招标和邀请招标两种。

公开招标是指招标人通过有关公开报刊、信息网络或者其他媒介发布招标公告，以邀请不特定的法人或者其他组织投标。

邀请招标是指招标人以投标邀请书的方式，邀请具备承担招标项目的能力、资信良好的特定的法人或者其他组织投标。

涉及国家安全、国家秘密、抢险救灾或者属于利用扶贫资金实行以工代赈、需要使用农民工等特殊情况，不适宜进行招标的项目，按照国家有关规定可以不进行招标。

2. 建设工程项目招标投标的程序

建设工程项目招标投标的程序一般包括以下三个步骤：

（1）招标准备阶段

①招标人申请批准招标；发布招标公告。②发售资质预审文件；对投标人资质预审。③编制招标文件。④向通过资质预审的投标人发投标邀请书。

（2）招标阶段

①发售招标文件；②招标文件的修改、澄清、质疑；③现场考察、标前会议；④递交和接收投标书。

（3）决标阶段

①开标；②评标；③授标，商签施工合同。

3. 其他有关规定

（1）招标代理机构

招标人有权自行选择代理机构，委托其办理招标事宜。

招标代理机构是依法设立、从事招标代理业务并提供相关服务的社会中介组织。招标代理机构应当具备下列条件：①有从事招标代理业务的营业场所和相应资金；②有能够编制招标文件和组织评标的相应专业力量；③有依法可以组建评标委员会的技术、经济方面的专家库。

（2）建设项目施工招标的条件

建设项目施工招标应具备下列条件：①初步设计已批准；②建设资金来源已落实，年度投资计划已安排；③监理单位已确定；④具有能满足招标要求的设计文件，已与设计单位签订适应施工进度要求的图纸交付合同或协议；⑤有关建设项目永久征地、临时征地和移民搬迁的实施、安置工作已经落实或已有明确安排。

（三）　建设监理制

建设监理是自20世纪80年代以来，随着对外开放和建设领域体制改革，从西方发达国家引进的一种新的建设项目管理模式，在建设单位和施工单位之间引入公正的、独立的第三方——监理单位，对工程建设的质量、工期和费用实施有效控制。多年来的实践表明，建设监理的实施和建设监理制的建立对规范我国建筑市场，提高工程质量和项目投资效益具有重大意义。

1. 建设监理的概念和特性

建设监理是指监理单位受项目法人委托，依据国家有关工程建设的法律、法规和批准的项目建设文件、工程建设合同以及工程建设监理合同，对工程建设实施的管理。

建设监理的特性主要有服务性、公正性、独立性和科学性。

2. 建设监理的任务

建设监理的任务归纳起来主要有投资控制、质量控制、进度控制、合同管理、信息管理、组织协调六个方面，即"三控制二管理一协调"。其中，三大目标控制是核心，合同管理为依据，信息管理为基础，组织协调为手段，六个方面有机配合，并贯穿于项目全过程，使项目目标最优实现。

3. 建设监理的内容

建设监理贯穿工程建设项目全过程，主要分为下四个阶段：

（1）建设前期阶段

项目的可行性研究或参与可行性研究报告的评估。

（2）设计阶段

提出设计要求，组织评选设计方案；协助选择勘察、设计单位，商签勘察、设计合同并组织实施；审查设计和概（预）算。

（3）施工招标阶段

①协助项目法人组织招标工作：提出分标意见和招标申请书；选定编标单位，组织编写招标文件和标底；发布招标、通告招标通知书，投标邀请书；审查投标资格；组织投标单位进行现场勘察，澄清问题；投标书；组织评标意见。②协助项目法人与中标单位签订工程承包合同。

（4）施工阶段

①协助项目法人编写开工报告；②审查承包商选择的分包单位；③组织设计交底和图纸会审，审查变更初步设计原则的设计变更；④审查承包商提出的施工技术措施、施工进度计划和资金、物资、设备计划等；⑤督促承包商执行工程承包合同，按国家和水利水电行业技术标准和批准的设计文件施工；⑥监督工程质量（包括材料、设备构件等的质量），检查安全防护设施，定期向项目法人汇报；⑦核实完成的工程量，签发工程付款凭证，审查工程结算；⑧整理合同文件和技术档案资料；⑨协调项目法人和承包商的关系，处理违约事件；⑩协助项目法人进行工程各阶段及竣工验收的初验，提出竣工验收报告。

总之，水利工程建设监理的主要内容是进行工程建设合同管理，按照合同控制工程建设的投资、工期和质量，并协调有关各方的工作关系。

4. 建设监理的措施和依据

建设监理的措施是为实现目标控制而采取的，主要包括组织措施、技术措施、合同措施和经济措施四个方面。

实施监理的主要依据，包括国家和建设管理部门制定颁发的法律、法规、规章和有关政策；技术规范、技术标准（主要包括国家有关部门颁发的设计规范、技术标准、质量标准、施工规范、施工操作规程等）；政府建设主管部门批准的建设文件、设计文件；项目法人与施工承包商依法订立的工程承包合同，与材料、设备供货单位签订的有关购货合同，与社会监理单位签订的建设监理合同以及项目法人与其他有关单位签订的合同。

三、工程（运行）管理

水利建设项目分为三类：一是社会公益性项目，包括防洪、防潮、治涝等工程，投资以国家（包括中央和地方）为主，主要使用财政拨款（包括国家预算内投资、水利建设基金、国家农发基金、以工代赈等无偿使用资金），对有条件的经济发达地区亦可使用贷款进行建设。对此类项目，要明确具体的政府机构或社会公益机构作为责任主体，对项目建设的全过程负责并承担风险；二是有偿服务性项目，包括灌溉、水运等工程，投资以地方政府和受益部门、集体及农户为主，主要使用部门拨款、拨改贷、贴息贷款和农业开发基金，大型重点工程也可争取利用外资；三是生产经营性项目，包括城市、乡镇供水和以发电为主的水电站工程，按社会主义市场经济的要求，以受益地区或部门为投资主体，资金用贷款、发行债券或自筹解决。这一类项目必须实行项目法人责任制和资本金制度，资本金率按国家有关规定执行。

相应的，水管单位的性质也分为公益性、准公益性和经营性三类，其性质界定主要依据水利工程建成后的效益情况。若水管单位的效益主要是社会效益和环境效益，则属于公益性的；若水管单位的效益以经济效益为主，则属于经营性的；而以社会效益为主，同时可以获得一定的经济效益，但是其运行成本只能部分获得补偿的水管单位，属于准公益性的。

水管单位可以根据其职能进行细分。像工业及城市生活用水为主或带有水电装机的水库，效益普遍较好，可以作为经营性的单位，其资产可以界定为经营性资产，这部分水利资产最具吸引力。像农业供水的水库、灌区、受益范围明确的排灌站有经营的性质，但其服务价格由于受到服务对象的限制，通常称为有偿服务型单位，这类单位视经营情况效益有所差别，但是大部分由于水价偏低而难以维持，迫切需要通过产权改革来强化经营管理。以防洪为主的水库，受益范围不明显的大型排灌站、闸坝、堤防等以公益型职能为主，没有其他条件的，难以靠自身经营维持良性循环，其产权安排以公有产权为好。

水利公益性资产主要是依靠政府资金投入形成的，主要产生社会效益，本身并不给投资者带来直接经济效益，其运行维护的费用也主要依靠政府建立相应的补偿机制提供。非政府资金一般不会也不愿意投入其中。这部分资产的所有权基本上是国家的，它的产权改革不会涉及所有权，基本上是在承包经营范围内的选择。

水利经营性资产是讲求回报的，自身产生经济效益，以自身产生的经济效益来维持和发展。由于自身产生经济效益，在项目合适的情形下，非政府资金可以也是愿意投资，它的产权改革可以涉及所有权的改变、流动和重组。因此，这一部分资产的产权改革可以选择的形式包括得就更为广泛了，可以视具体情况在国有独资、股份制、股份合作制、租赁、承包经营、破产、拍卖等形式之间选择。

部分水利资产兼具公益性和经营性，应将公益性和经营性资产进行合理的界定和细分，依细分后的资产特性来进行选择。公益性部分仍属国家所有，并建立相应的补偿机制；经营性部分则可以采取灵活多样的产权组织形式。公益性和经营性难以准确界定和细分的，原则上视同于公益性资产。

第二章 水利工程项目建设造价控制

第一节 水利工程造价管理的基础概念

一、价格原理

(一) 价值

1. 商品

商品是指用来交换的劳动产品，是使用价值和价值的统一物，体现一定的社会关系。

2. 商品价值

商品价值，从字面上的意义而言，是指一件商品所蕴含的价值。商品价值是指凝结在商品中无差别的人类劳动（包括体力劳动和脑力劳动）。无差别的人类劳动则以社会必要劳动时间来衡量。商品具有价值和使用价值。使用价值是指某物对人的有用性（例如，面包能填饱肚子，衣服能保暖）。商品的价值在现实中主要通过价格来体现。

(二) 货币

1. 货币的产生

货币的产生基于商品的交换，基于商品具有的价值形式。人类使用货币的历史产生于最早出现物质交换的时代。在原始社会，人们使用以物易物的方式，交换自己所需要的物资，比如一头羊换一把石斧。但是有时候受到用于交换的物资种类的限制，不得不寻找一种能够为交换双方都接受的物品。这种物品就是最原始的货币。货币形式的演变经历了物物交换、金属货币、金银、纸币、金本位、现代货币等阶段。

2. 货币的职能

货币的职能也就是货币在人们经济生活中所起的作用。在发达的商品经济条件下，货币具有这样五种职能：价值尺度、流通手段、贮藏手段、支付手段和世界货币。其中，价值尺度和流通手段是货币的基本职能，其他三种职能是在商品经济发展中陆续出现的。

3. 货币的流通

货币具有流通功能。在一定时期内，用于流通的货币的需求量（即货币流通量）取决于下列因素：待出售商品的数量、商品的价格、货币的流通速度。

4. 通货膨胀

通货膨胀是指一个经济体在一段时间内货币数量增速大于实物数量增速，单位货币的购买力下降，于是普遍物价水平上涨。货币是实物交换过程中的媒介，货币也就代表着所能交换到的实物的价值。在理想的情况下货币数量的增长（货币供给，如央行印刷、币种兑换）应当与实物市场实物数量的增长相一致，这样物价就能稳定，就不会出现通货膨胀。

（三）价格与价值规律

1. 价格

价格是商品同货币交换比例的指数，或者说，价格是价值的货币表现。价格是商品的交换价值在流通过程中所取得的转化形式。

2. 价值规律

价值规律是商品生产和商品交换的基本经济规律。即商品的价值量取决于社会必要劳动时间，商品按照价值相等的原则互相交换。实际上，商品的价格与价值相一致是偶然的，不一致却是经常发生的。这是因为，商品的价格虽然以价值为基础，但还受到多种因素的影响，使其发生变动。同时，价格的变化会反过来调整和改变市场的供求关系，使得价格不断围绕价值上下波动。

3. 价格的基本职能

表价职能：价格的最基本职能就是表现商品价值的职能。表价职能是价格本质的反映。

调节职能：价格的调节职能就是价格本质的要求，是价值规律作用的表现。所谓价格的调节职能，是指它在商品交换中承担着经济调节者的职能。一方面，它使生产者确切地而不是模糊地、具体地而不是抽象地了解自己商品个别价值和社会价值之间的差别；另一方面，价格的调节职能对消费者而言，既能刺激需求，也能抑制需求。

（四）　需求与供给

1. 需求曲线

需求曲线表示在每一价格下所需求的商品数量。需求曲线是显示价格与需求量关系的曲线，是指其他条件相同时，在每一价格水平上买主愿意购买的商品量的表或曲线。需求曲线通常以价格为纵轴，以需求量为横轴，在一条向右下倾斜且为直线的需求曲线中，在中央点的需求的价格弹性等于 1，而以上部分的需求价格弹性大于 1，而以下部分的需求价格弹性则小于 1。

2. 供给曲线

供给曲线是以几何图形表示商品的价格和供给量之间的函数关系，供给曲线是根据供给表中的商品的价格—供给量组合在平面坐标图上所绘制的一条曲线。

3. 均衡价格

均衡价格就是消费者为购买一定商品量所愿意支付的价格与生产者为提供一定商品量所愿意接受的供给价格一致的价格。

均衡价格在一定程度上反映了市场经济活动的内在联系，特别是均衡价格理论中关于供给的价格弹性和需求的价格弹性的分析，对企业的生产经营决策有重要实用价值。

（五）　弹性

1. 弹性系数

商品的各个有关因素（需求、供给、价格等）都受到其他因素的作用和影响。这些因素中，某种因素的量可以看作其他因素量的函数，其他影响因素可视为自变量。

2. 需求弹性

需求弹性表明价格变动或消费者收入变动对于需求的影响；价格变动对于需求的影响用需求价格弹性表示；收入变动对于需求的影响用需求收入弹性表示。按照一般规律，商品中生活必需品（如食品）的需求价格弹性比较小，奢侈品的需求价格弹性比较大。

3. 供给弹性

供给弹性表明价格变动对于供给的影响。当市场价格上涨时，建筑业的供给弹性相当大。当市场价格下降时，建筑企业劳动力供给弹性比较小。因为这种情况，使得建筑市场在较长时期中会呈现供大于求的局面，会加剧市场的竞争。

（六） 价格的影响因素

1. 一般经济因素

一般经济因素是指按照一般经济规律影响价格的因素，主要有价值、供求关系和币值。

2. 国家宏观调控

在市场经济的运行和发展中，政府宏观管理或一定程度的经济干预是必要的。对应于不同的市场结构和文化背景，世界各国的宏观管理模式可分为不同的类型。在社会主义市场经济体制下，国家宏观经济管理的基本任务是保证国民经济持续、协调、稳定的增长，保证宏观经济效益最大化。

3. 非经济因素

影响价格的非经济因素很多。如科学技术水平提高，将使商品生产成本降低，同时使老产品显得落后，缺乏竞争力，从而使其价格下降。对于工程建设，项目的决策、设计、工程自然条件等各种复杂因素，都会对工程价格产生重大影响。

二、税金

税金是指国家凭借其政治权利，按照法定标准强制地、无偿地向纳税人征收的税额。税金的多少取决于税基和税率两个因素。税基是据以课税的价值，税率是一个百分数。用税基乘以税率即为税金总额。

（一） 固定资产投资方向调节税

固定资产投资方向调节税是对在我国境内进行固定资产投资的单位和个人征收的一种调节税。征收固定资产投资方向调节税是为了用经济手段控制投资规模，引导投资方向，贯彻国家产业政策。

（二） 营业税

营业税是以纳税人从事经营活动为课税对象的一种税。水利水电行业的经营活动包括水利水电建筑业，以及转让无形资产、销售不动产等。

（三） 企业所得税

企业所得税是以经营单位在一定时期内的所得额（或纯收入）为课税对象的一个税种。所得税体现了国家与企业的分配关系。

（四）增值税

增值税是以商品生产流通各个环节的增值因素为征税对象的一种流转税。在生产、流通过程的某一中间环节，生产经营者大体上只缴纳对应于本环节增值的增值税额。

（五）土地增值税

土地增值税是对有偿转让国有土地使用权，以及房地产所获收入的增值部分征收的一个税种。

（六）消费税

消费税是对特定的消费品和消费行为征收的一种税。在全社会商品普遍征收增值税的基础上，选择少数消费品，征收一定的消费税，其目的是调节消费结构，引导消费方向，同时也为保证国家财政收入。

（七）印花税

印花税是对经济活动和经济交往中书立、领受各类经济合同、产权转移书据、营业账簿、权利许可证照等凭证这一特定行为征收的一种税。

（八）城市维护建设税

城市维护建设税是对缴纳产品税、增值税、营业税的单位和个人征收的一种税。

（九）教育费附加

按照国务院有关规定，教育费附加在各单位和个人缴纳增值税、营业税、消费税的同时征收。

三、投资与融资

投资是指投资主体为了特定的目的和取得预期收益而进行的价值垫付行为。从本质上讲，投资主体之所以具有投资的积极性，愿意垫付价值，是由于在社会生产中，劳动者能够创造出剩余价值，使垫付的价值产生增值。投资的运动过程本质上是价值的运动过程，包括资金筹集、投资分配、投资运用、投资回收四个阶段。

（一）投资分类

从不同的角度出发，可以对投资做不同的分类。要特别注意下面的两种分类：

1. 按照投资领域不同

可将投资分为生产经营性投资和非生产经营性投资。

生产经营性投资指直接用于物质生产或直接为生产服务的投资，如工业建设、农业、水利、运输、通信事业建设投资等；非生产经营性投资指满足人民物质文化生活需要的建设投资，包括消费性设施投资、基础设施投资、国防设施投资等。非生产经营性投资不循环周转，也不会增值。

2. 按照投资在再生产过程中周转方式的不同

可将投资分为固定资产投资和流动资产投资。

固定资产投资是以货币形式表现的、企业在一定时期内建造和购置固定资产的工作量以及与此有关的费用变化情况，包括房产、建筑物、机器、机械、运输工具，以及企业用于基本建设、更新改造、大修理和其他固定资产投资等。流动资产投资是指投资主体用以获得流动资产的投资，即项目在投产前预先垫付、在投产后生产经营过程中周转使用的资金。

（二）固定资产与固定资产投资

1. 固定资产与固定资产投资

固定资产是在社会再生产过程中可供长时间反复使用，并在使用过程中基本上不改变其实物形态的劳动资料和其他物质资料。在我国会计实务中，将使用年限在一年以上的生产经营性资料作为固定资产。对于不属于生产经营主要设备的物品，单位价值在 2000 元以上，且使用年限超过两年的，也作为固定资产。固定资产投资是指投资主体垫付货币或物资，以获得生产经营性或服务性固定资产的过程。固定资产投资包括更新改造原有固定资产以及构建新增固定资产的投资。

2. 固定资产投资分类

固定资产投资可按不同方式分类。

（1）按照经济管理渠道和现行国家统计制度规定，全社会固定资产投资分为基本建设投资、更新改造投资、房地产开发投资、其他固定资产投资四部分。

（2）按照固定资产投资活动的工作内容和实现方式，可将固定资产投资分为建筑安装工程投资，设备、工具、器具购置投资，其他费用投资三部分。

3. 固定资产投资的特点

固定资产投资的主要特点包括以下几个方面：

（1）资金占用多，一次投入资金的数额大；并且这种资金投入往往需要在短时期内筹集，一次投入使用。

（2）资金回收过程长。投资项目的建设期短则一两年，长则几年、十几年甚至几十年，直至项目建成投产后，投资主体才能在产品或服务销售和取得利润的过程中回收投资，回收持续时间也较长。

（3）投资形成的产品具有固定性。产品的位置、用途等都是固定的。

（三）流动资产与流动资产投资

和固定资产相对应的是流动资产。流动资产是指在生产经营过程中经常改变其存在状态，在一定营业周期内变现或耗用的资产，如现金、存款、应收及预付账款、原材料、在产品、产成品、存货等。相应地，流动资产投资是指投资主体用以获得流动资产的投资。

（四）投资体制改革以及"拨改贷"和"资本金制度"

1. 关于投资管理体制改革

投资管理体制是指组织、领导和管理社会投资活动的基本制度和主要方式、方法。它是社会经济制度的主要内容。投资管理体制改革是我国工程建设管理体制改革的重要组成部分。在市场经济体制下，国家加强以财政、税收、利率等经济手段对投资进行调控。

2. 关于"拨改贷"

1981 年起我国实行"拨改贷"。"拨改贷"是国家预算安排的基本建设投资由财政拨款改为银行贷款的简称。实行"拨改贷"，国家预算直接安排的基本建设投资，分列为国家预算内拨款投资和国家预算内"拨改贷"投资两部分。属于"拨改贷"部分的预算资金，按照财务级别，由中央和地方预算拨给同级建设银行，作为贷款资金的来源。由建设单位向银行办理借款手续，按期支付利息，归还本金。"拨改贷"，资金有偿使用，使资金使用单位的经济利益和应负的经济责任结合起来，有利于调动这些单位自主经营的积极性和主动性，提高投资的经济效益。

3. 关于资本金

项目资本金是指在项目总投资中，由投资者认缴的出资额。资本金属于自有资金。按照有关规定，资本金可以用货币出资，也可以用实物、工业产权、非专利技术、土地使用权作价出资。国家对于公益性投资项目（包括以社会效益为主的一些水利建设项目）不实行资本金制度。

（五）资金成本

1. 资金成本的含义

资金成本，是指企业为筹集和使用资金而付出的代价。这一代价由两部分组成：资金筹集成本和资金使用成本。

（1）资金筹集成本

资金筹集成本是指在资金筹集过程中支付的各项费用。资金筹集成本一般属于一次性费用，筹资次数越多，资金筹集成本就越大。

（2）资金使用成本

资金使用成本又称资金占用费。主要包括支付给股东的各种股利、向债权人支付的贷款利息，以及支付给其他债权人的各种利息费用等。

2．资金成本的性质

（1）资金成本是资金使用者向资金所有者和中介机构支付的占用费和筹资费。作为资金的所有者，绝不会将资金无偿让给资金使用者去使用；而作为资金的使用者，也不能够无偿地占用他人的资金。

（2）资金成本与资金的时间价值既有联系又有区别。资金成本是企业的耗费，企业要为占用资金而付出代价、支付费用，而且这些代价或费用最终也要作为收益的扣除额来得到补偿。

（3）资金成本具有一般产品成本的基本属性，但资金成本中只有一部分具有产品成本的性质，即这一部分耗费计入产品成本，而另一部分作为利润的分配，可直接表现为生产性耗费。

3．资金成本的作用

资金成本是选择资金来源、筹资方式的重要依据；企业进行资金结构决策的基本依据；比较追加筹资方案的重要依据；评价各种投资项目是否可行的一个重要尺度；衡量企业整个经营业绩的一项重要标准。

四、工程保险

（一）风险及风险管理

1．风险

风险是指可能发生，但难以预料，具有不确定性的危险。风险大致有两种定义：一种定义强调了风险表现为不确定性；而另一种定义则强调风险表现为损失的不确定性。

2．风险管理

风险管理是指如何在一个肯定有风险的环境里把风险减至最低的管理过程。对于现代企业来说，风险管理就是通过风险的识别、预测和衡量，选择有效的手段，以尽可能降低成本，有计划地处理风险，以获得企业安全生产的经济保障。风险的识别、风险的预测和风险的处理是企业风险管理的主要步骤。

3. 风险处理的方法

①避免风险：消极躲避风险；②预防风险：采取措施消除或者减少风险发生的因素；③自保风险：企业自己承担风险。途径有：小额损失纳入生产经营成本，损失发生时用企业的收益补偿；④转移风险：在危险发生前，通过采取出售、转让、保险等方法，将风险转移出去。

（二）工程保险及其险种

工程保险的意义在于，一方面，它有利于保护建筑主或项目所有人的利益；另一方面，也是完善工程承包责任制并有效协调各方利益关系的必要手段。主要险种有建筑工程保险、安装工程保险和科技工程保险。

五、工程建设项目管理

项目的定义包含三层含义：第一，项目是一项有待完成的任务，且有特定的环境与要求；第二，在一定的组织机构内，利用有限资源（人力、物力、财力等）在规定的时间内完成任务；第三，任务要满足一定性能、质量、数量、技术指标等要求。这三层含义对应着项目的三重约束——时间、费用和性能。项目的目标就是满足客户、管理层和供应商在时间、费用和性能（质量）上的不同要求。

在建设项目的施工周期内，用系统工程的理论、观点和方法，进行有效的规划、决策、组织、协调、控制等系统科学的管理活动，从而按项目既定的质量要求、控制工期、投资总额、资源限制和环境条件，圆满地实现建设项目目标叫作建设项目管理。

六、工程造价计价

（一）工程投资

建设项目总投资，是指进行一个工程项目的建造所投入的全部资金，包括固定资产投资和流动资金投入两部分。建设工程造价是建设项目投资中的固定资产投资部分，是建设项目从筹建到竣工交付使用的整个建设过程所花费的全部固定资产投资费用，这是保证工程项目建造正常进行的必要资金，是建设项目投资中最主要的部分。建筑安装工程造价是建设项目投资中的建筑安装工程投资部分，也是建设工程造价的组成部分。

（二）工程建设不同阶段的工程造价编制

1. 投资估算

投资估算是在建设前期各个阶段工作中，决策、筹资和控制造价的主要依据。可以用于：项目建设单位向国家计划部门申请建设项目立项；拟建项目进行决策中确定建设项目在规划、项目建议书阶段的投资总额。

2. 设计概算和修正概算造价

设计概算是设计文件的重要组成部分，设计概算文件较投资估算准确性有所提高，但又受投资估算的控制。设计概算文件包括：建设项目总概算、单项工程综合概算和单位工程概算。修正概算是在扩大初步设计或技术设计阶段对概算进行的修正调整，较概算造价准确，但受概算造价控制。

3. 施工图预算造价

施工图预算是指施工单位在工程开工前，根据已批准的施工图纸，在施工方案（或施工组织设计）已确定的前提下，按照预算定额规定的工程量计算规则和施工图预算编制方法预先编制的工程造价文件。施工图预算造价较概算造价更为详尽和准确，但同样要受前一阶段所确定的概算造价的控制。

4. 合同价

合同价是指在工程招投标阶段通过签订总承包合同、建筑安装工程承包合同、设备材料采购合同，以及技术和咨询服务合同所确定的价格。合同价属于市场价格，是由承、发包双方即商品和劳务买卖双方根据市场行情共同议定和认可的成交价格，但它并不等同于实际工程造价。按计价方式不同，建设工程合同一般表现为三种类型，即总价合同、单价合同和成本加酬金合同。

5. 结算价

工程结算价是指一个单项工程、单位工程、分部工程或分项工程完工后，经发包人及有关部门验收并办理验收手续后，在工程结算时按合同调价范围和调价方法，对实际发生的工程量增减、设备和材料价差等进行调整后计算和确定的价格。结算价是该结算工程的实际价格。结算一般有按月结算、分段结算等方式。

6. 竣工决算

竣工决算是指在竣工验收后，由建设单位编制的建设项目从筹建到建设投产或使用的全部实际成本的技术经济文件。是最终确定的实际工程造价，是建设投资管理的重要环节，是工程竣工验收、交付使用的重要依据，是进行建设项目财务总结，银行对其实行监督的必要手段。竣工决算的内容由文字说明和决算报表两部分组成。

（三）定额

1. 定额

所谓"定"就是规定，所谓"额"就是额度和限度。从广义理解，定额就是规定的额度及限度，即标准或尺度。工程建设定额是指在正常的施工生产条件下，完成单位合格产品所消耗的人工、材料、施工机械及资金消耗的数量标准。不同的产品有不同的质量要求，不能把定额看成单纯的数量关系，而应看成质量和安全的统一体。只有考察总体生产过程中的各生产因素，归结出社会平均必需的数量标准，才能形成定额。尽管管理科学在不断发展，但它仍然离不开定额。没有定额提供可靠的基本管理数据，任何好的管理手段都不能取得理想的结果。所以，定额虽然是科学管理发展初期的产物，但它在企业管理中一直占有主要地位。定额是企业管理科学化的产物，也是科学管理的基础。

2. 工程建设定额及其分类

在社会平均的生产条件下，把科学的方法和实践经验相结合，生产质量合格的单位工程产品所必需的人工、材料、机具的数量标准，就称为工程建设定额。工程建设定额除了规定有数量标准外，也要规定它的工作内容、质量标准、生产方法、安全要求和适用范围等。

（1）按照定额反映的物质消耗内容分类

①劳动消耗定额

劳动消耗定额简称劳动定额。是完成一定的合格产品（工程实体或劳务）规定活劳动消耗的数量标准。为了便于综合和核算，劳动定额大多采用工作时间消耗量来计算劳动消耗的数量。所以，劳动定额的主要表现形式是时间定额，但同时也表现为产量定额。

②机械消耗定额

我国机械消耗定额是以一台机械一个工作班为计量单位，所以又称为机械台班定额。机械消耗定额是指为完成一定合格产品（工程实体或劳务）所规定的施工机械消耗的数量标准。机械消耗定额的主要表现形式是机械时间定额，但同时也以产量定额表现。

③材料消耗定额

材料消耗定额简称材料定额。是指完成一定合格产品所需消耗材料的数量标准。材料消耗定额，在很大程度上可以影响材料的合理调配和使用。在产品生产数量和材料质量一定的情况下，材料的供应计划和需求都会受材料定额的影响。重视和加强材料定额管理，制定合理的材料消耗定额，是组织材料的正常供应，保证生产顺利进行，合理利用资源，减少积压和浪费的必要前提。

（2）按照定额的编制程序和用途分类

①施工定额

施工定额是施工企业（建筑安装企业）组织生产和加强管理，在企业内部使用的一种定额，属于企业生产定额。它由劳动定额、机械定额和材料定额三个相对独立的部分组成。是工程建设定额中分项最细、定额子目最多的一种定额，也是工程建设定额中的基础性定额。在预算定额的编制过程中，施工定额的劳动、机械、材料消耗的数量标准，是计算预算定额中劳动、机械、材料消耗数量标准的重要依据。

②预算定额

预算定额是在编制施工图预算时，计算工程造价和计算工程中劳动、机械台班、材料需要量使用的一种定额。预算定额是一种计价性的定额，在工程建设定额中占有很重要的地位。从编制程序看，预算定额是概算定额的编制基础。

③概算定额

概算定额是编制扩大初步设计概算时，计算和确定工程概算造价，计算劳动、机械台班、材料需要量所使用的定额。它的项目划分粗细与扩大初步设计的深度相适应。它一般是预算定额的综合扩大。

④概算指标

概算指标是三阶段设计的初步设计阶段，编制工程概算，计算和确定工程的初步设计概算造价，计算劳动、机械台班、材料需要量时所采用的一种定额。一般是在概算定额和预算定额的基础上编制的，比概算定额更加综合扩大。概算指标是控制项目投资的有效工具，它所提供的数据也是计划工作的依据和参考。

⑤投资估算指标

在项目建议书和可行性研究阶段编制投资估算、计算投资需要量时使用的一种定额。投资估算指标往往根据历史的预算、决算资料和价格变动等资料编制，但其编制基础仍然离不开预算定额、概算定额。

（3）按照投资的费用性质分类

①建筑工程定额是建筑工程的施工定额、预算定额、概算定额和概算指标的统称。

②设备安装工程定额是安装工程施工定额、预算定额、概算定额和概算指标的统称。设备安装工程是对需要安装的设备进行定位、组合、校正、调试等工作的工程。设备安装

工程定额也是工程建设定额中的重要部分。在通用定额中有时把建筑工程定额和安装工程定额合二为一，称为建筑安装工程定额。

③建筑安装工程费用定额

一般包括以下内容：a. 其他直接费用定额，是指预算定额分项内容以外，而与建筑安装施工生产直接有关的各项费用开支标准。其他直接费用定额由于其费用发生的特点不同，只能独立于预算定额之外。它也是编制施工图预算和概算的依据。b. 现场经费定额，是指与现场施工直接有关，是施工准备、组织施工生产和管理所需的费用定额。c. 间接费定额，是指与建筑安装施工生产的个别产品无关，而为企业生产全部产品所必需，为维持企业的经营管理活动所必须发生的各项费用开支的标准。d. 工、器具定额，是为新建或扩建项目投产运转首次配置的工、器具数量标准。工具和器具，是指按照有关规定不够固定资产标准而起劳动手段作用的工具、器具和生产用家具等。e. 工程建设其他费用定额，是独立于建筑安装工程、设备和工、器具购置之外的其他费用开支的标准。其他费用定额是按各项独立费用分别制定的，以便合理控制这些费用的开支。

（4）按照专业性质分类

工程建设定额分为全国通用定额、行业通用定额和专业专用定额三种。全国通用定额是指在部门间和地区间都可以使用的定额；行业通用定额系指具有专业特点的行业部门内可以通用的定额；专业专用定额是指特殊专业的定额，只能在指定范围内使用。

（5）按主编单位和管理权限分类

工程建设定额可分为全国统一定额、行业统一定额、地区统一定额、企业定额和补充定额五种。

第二节　水利建设项目决策阶段的造价管理

一、概述

（一）建设项目决策的含义

项目投资决策是选择和决定投资行动方案的过程，是对拟建项目的必要性和可行性进行技术经济论证，对不同建设方案进行技术经济比较及做出判断和决定的过程。

（二）建设项目决策与工程造价的关系

1. 项目决策的正确性是工程造价合理性的前提

项目决策正确，意味着对项目建设做出科学的决断，选出最佳投资行动方案，达到资源的合理配置。这样才能合理地估计和计算工程造价，并且在实施最优投资方案过程中，有效地控制工程造价。

2. 项目决策的内容是决定工程造价的基础

工程造价的计价与控制贯穿于项目建设全过程，但决策阶段各项技术经济决策对该项目的工程造价有重大影响，特别是建设标准的确定、建设地点的选择、工艺的评选、设备选用等，直接关系到工程造价的高低。

3. 造价高低、投资多少也影响项目决策

决策阶段的投资估算是进行投资方案选择的重要依据之一，同时也是决定项目是否可行及主管部门进行项目审批的参考依据。项目决策的深度影响投资估算的精确度，也影响工程造价的控制效果。只有加强项目决策的深度，采用科学的估算方法和可靠的数据资料，合理地计算投资估算保证投资估算，才能保证其他阶段的造价被控制在合理范围，使投资项目能够实现避免"三超"现象的发生。

二、建设项目可行性研究

（一）可行性研究的概念和作用

1. 可行性研究的概念

建设项目的可行性研究是在投资决策前，对与拟建项目有关的社会、经济、技术等各方面进行深入细致的调查研究，对各种可能采用的技术方案和建设方案进行认真的技术经济分析和比较论证，对项目建成后的经济效益进行科学的预测和评价，为项目投资决策提供可靠的科学依据。

2. 可行性研究的作用

作为建设项目投资决策的依据；作为编制设计文件的依据；作为向银行贷款的依据；作为建设单位与各协作单位签订合同和有关协议的依据；作为环保部门、地方政府和规划部门审批项目的依据；作为施工组织、工程进度安排及竣工验收的依据；作为项目后评估的依据。

（二）可行性研究的阶段与内容

1. 可行性研究的工作阶段

工程项目建设的全过程一般分为三个主要时期：投资前时期、投资时期和生产时期。可行性研究工作主要在投资前时期进行。投资前时期的可行性研究工作主要包括四个阶段：机会研究阶段、初步可行性研究阶段、详细可行性研究阶段、评价和决策阶段。

（1）机会研究阶段

投资机会研究又称投资机会论证，主要任务是提出建设项目投资方向建议，即在一个确定的地区和部门内，根据自然资源、市场需求、国家产业政策和国际贸易情况，通过调查、预测和分析研究，选择建设项目，寻找投资的有利机会。

（2）初步可行性研究阶段

在项目建议书被国家计划部门批准后，需要先进行初步可行性研究。初步可行性研究也称为预可行性研究，是正式的详细可行性研究前的预备性研究阶段。主要目的有：①确定是否进行详细可行性研究；②确定哪些关键问题需要进行辅助性专题研究。

（3）详细可行性研究阶段

详细可行性研究又称技术经济可行性研究，是可行性研究的主要阶段，是建设项目投资决策的基础，是为项目决策提供技术、经济、社会、商业方面的评价依据，为项目的具体实施提供科学依据。

（4）评价和决策阶段

评价和决策是由投资决策部门组织和授权有关咨询公司或有关专家，代表项目业主和出资人对建设项目可行性研究报告进行全面的审核和再评价。其主要任务是对拟建项目的可行性研究报告提出评价意见，最终决策该项目投资是否可行，确定最佳投资方案。

2. 可行性研究的内容

一般工业建设项目的可行性研究包含 11 个方面的内容：总论；产品的市场需求和拟建规模；资源、原材料、燃料及公用设施情况；建厂条件和厂址选择；项目设计方案；环境保护与劳动安全；企业组织、劳动定员和人员培训；项目施工计划和进度要求；投资估算和资金筹措；项目的经济评价；综合评价与结论、建议。

可以看出，建设项目可行性研究报告的内容可概括为三大部分。第一是市场研究，包括产品的市场调查和预测研究，这是项目可行性研究的前提和基础，其主要任务是要解决项目的"必要性"问题；第二是技术研究，即技术方案和建设条件研究，这是项目可行性研究的技术基础，它要解决项目在技术上的"可行性"问题；第三是效益研究，即经济效益的分析和评价，这是项目可行性研究的核心部分，主要解决项目在经济上的"合理性"问题。市场研究、技术研究和效益研究共同构成项目可行性研究的三大支柱。

三、水利水电建设项目经济评价

（一）水利水电建设项目经济评价的原则和一般规定

工程经济分析计算和评价是工程造价管理的重要内容和手段。在项目建设的各个阶段，工程经济分析与评价是决策的重要依据，也是方案比较、方案选择的重要基础。对于已建项目，经济评价是后评价的重要内容。

1. 进行水利水电建设项目经济评价时应遵循的原则

（1）进行经济评价，必须重视社会经济资料的调查、收集、分析、整理等基础工作。调查应结合项目特点有目的地进行。

（2）经济评价包括国民经济评价和财务评价。水利水电项目经济评价应以国民经济评价为主，也应重视财务评价。

（3）具有综合利用功能的水利水电建设项目，国民经济评价和财务评价都应把项目作为整体进行评价。

（4）水利水电项目经济评价应遵循费用与效益计算口径对应一致的原则，计及资金的时间价值，以动态分析为主，辅以静态分析。

2. 进行水利水电项目经济评价

有如下规定：

（1）经济评价的计算期，包括建设期、运行初期和正常运行期。正常运行期可根据项目的具体情况或按照以下规定研究确定。

（2）资金时间价值计算的基准点定在建设期的第一年年初。投入物和产出物除当年利息外，均按年末发生结算。

（二）费用

进行水利水电建设项目经济评价时，费用（或投入、支出）主要包括固定资产投入、折旧费、年运行费、流动资金、税金、建设初期和部分运行初期的贷款利息等。

1. 固定资产投资

固定资产在生产过程中可以长期发挥作用，长期保持原有的实物形态，但其价值则随着企业生产经营活动而逐渐地转移到产品成本中去，并构成产品价值的一个组成部分。主要包括主体工程投资和配套工程投资两部分。

2. 折旧费

价值会因为固定资产磨损而逐步以生产费用形式进入产品成本和费用，构成产品成本和期间费用的一部分，并从实现的收益中得到补偿。折旧费最常用的方法是直线法，是指按预计的使用年限平均分摊固定资产价值的一种方法。这种方法若以时间为横坐标，金额为纵坐标，累计折旧额在图形上呈现为一条上升的直线，所以称它为"直线法"。

3. 摊销费

摊销费是指无形资产和递延资产在一定期限内分期摊销的费用。也指投资不能形成固定资产的部分。

计算方式：摊销费＝固定价×（1－固定资产形成率）

4. 流动资金

流动资金是建设项目投产后，为维持正常运行所需的周转金，用于购置原材料、燃料、备品、备件和支付职工工资等。流动资金在生产过程中转变为产品的实物，产品销售后可得到回收，其周转期不得超过一年。

5. 年运行费

年运行费是指建设项目运行期间，每年需要支出的各种经常性费用，主要包括工资及福利费、材料费和燃料及动力费、维修养护费、其他费用。年运费一般为工程投资的1%～3%。

（三）效益

水利水电建设项目的效益可以分为对社会、经济、生态环境等各个方面的效益。进行水利水电建设项目经济评价时，效益主要包括以下各方面：

1. 防洪效益

防洪效益应按项目可减免的洪灾损失和可增加的土地开发利用价值计算。

2. 防凌和防潮效益

北方地区水利水电建设项目的防凌效益，以及沿海地区的防潮效益，应结合具体情况进行分析计算。

3. 治涝效益

治涝效益应按项目可减免的涝灾损失计算。

4. 治碱、治渍效益

治碱、治渍效益应结合地下水埋深和土壤含盐量与作物产量的试验或调查资料，结合项目降低地下水和土壤含盐量的功能分析计算。

5. 灌溉效益

灌溉效益指项目向农、林、牧等提供灌溉用水可获得的效益，可按有、无项目对比灌溉措施可获得的增产量计算灌溉效益。

6. 城镇供水效益

城镇供水效益指项目向城镇工矿企业和居民提供生产、生活用水可获得的效益，可按最优等效替代法进行计算，即按修建最优的等效替代工程，或实施节水措施所需费用计算城镇供水效益。

7. 水力发电效益

水力发电效益指项目向电网或用户提供容量和电量所获得的效益，可按最优等效替代法或按影子电价计算。

8. 其他效益

如水土保持效益、牧业效益、渔业效益、改善水质效益、滩涂开发效益、旅游效益等，可按项目的实际情况，用最优等效替代法、影子价格法或对比有无该项目情况的方法进行分析计算。

（四）费用分摊

对于综合利用水利水电建设项目，为了合理确定各个功能的开发规模，控制工程造价，应当分别计算各项功能的效益、费用和经济评价指标，此时须对建设项目的费用进行分摊。费用分摊包括固定资产投资分摊和年运行费分摊等。

（五）国民经济评价

国民经济评价从国家整体角度，采用影子价格，分析计算项目的全部费用和效益，考察项目对国民经济所做的净贡献，评价项目的经济合理性。

1. 费用

水利水电建设项目国民经济评价的费用包括固定资产投资、流动资金和年运行费。

2. 效益

水利水电建设项目国民经济评价的效益即宏观经济效益，包括防洪、灌溉、水力发电、城镇供水、乡村供水、水土保持、航运效益，以及防凌、防潮、治涝、治碱、治渍和其他效益。当项目使用年限长于经济评价计算期时，要计算项目在评价期末的余值（残值），并在计算期末一次回收，计入效益。对于项目的流动资金，在计算期末也应一次回收，计入效益。

3. 社会折现率

社会折现率定量反映了资金的时间价值和资金的机会成本，是建设项目国民经济评价的重要参数。水利水电建设项目，可采用7%的社会折现率进行国民经济评价，供分析比较和决策使用。

4. 国民经济评价指标和评价准则

水利水电建设项目国民经济评价，可根据经济内部收益率、经济净现值及经济效益费用比等指标和相应评价准则进行。

（1）经济内部收益率

经济内部收益率是指项目计算期内经济净现值累计等于零的折现率。它是反映项目对国民经济贡献的相对指标。

（2）经济净现值

经济净现值是反映项目对国民经济净贡献的绝对指标。它是用社会折现率将项目寿命期内各年的经济净效益流量折算到建设期初的现值之和。

（3）经济效益费用比

为项目经济净现值和建设资本金投入的比值。

（六）财务评价

财务评价（也称财务分析）是从水利水电建设项目本身的财务角度，使用的是市场价格，根据国家现行财税制度和现行价格体系，分析计算项目直接发生的财务效益和费用，编制财务报表，计算财务评价指标，考察项目的盈利能力、清偿能力和外汇平衡等财务状况，借以判别项目的财务可行性。

1. 财务支出及总成本费用

水利水电建设项目的财务支出包括建设项目总投资、年运行费、流动资金和税金等费用。水利水电建设项目总成本费用包括折旧费、摊销费、利息净支出及年运行费。

2. 财务收入和利润总额

水利水电建设项目的财务收入包括出售水利水电产品和提供服务所获得的收入。项目的利润总额等于其财务收入扣除总成本费用和税金所得的余额。

3. 财务评价指标和评价准则

水利水电建设项目财务评价，可根据财务内部收益率、投资回收期、财务净现值、资产负债率、投资利润率、投资利税率、固定资产投资偿还期等指标和相应评价准则进行。

第三节　水利建设项目设计阶段的造价管理

一、概述

按照我国水利水电工程建设程序，工程建设一般分为项目建议书、可行性研究报告、项目决策、项目设计、建设准备（包括招标设计）、建设实施、生产准备、竣工验收，以及后评价等阶段。按照全过程、全面工程造价管理的概念，水利水电工程造价管理贯彻工程建设程序的各个阶段，参与工程建设造价管理的主体包括政府有关部门、项目法人、咨询和设计单位、施工承包人、金融机构和其他有关单位等各个方面。在设计阶段，初步设计是对拟建工程在技术、经济上进行全面安排。对于大中型水利水电工程一般采用三阶段设计，包括初步设计、技术设计、施工图设计。水利水电工程设计阶段工程造价管理的中心工作仍然是对造价进行前期控制。要通过优化设计，推行限额设计等，尽可能提高效益，降低投入。同时，在设计阶段，在初步设计中要编制工程概算，在技术设计中要编制修正概算，在施工图设计中要编制工程预算（利用外资的项目还应编制外资预算），分阶段预先测算和确定工程造价。

（一）工程初步设计程序

工程设计的主要内容包括以下各项：

1. 水文、工程地质设计；

2. 工程布置及建筑物设计；

3. 水力机械、电工、金属结构及采暖通风设计；

4. 消防设计；

5. 施工组织设计；

6. 环境保护设计；

7. 工程管理设计；

8. 设计概算。这是在设计阶段进行工程造价管理的核心工作。

初步设计概算包括从项目筹建到竣工验收所需的全部建设费用。概算文件内容由编制说明、设计概算和附件三个部分组成。

（二）设计优化及开展限额设计

每一个项目都要做两个以上的设计方案，同时推行限额设计。好的设计方案对降低工程造价，提高经济效益，缩短建设工期，都有十分重要的作用。

（三）设计方案技术经济评价

对每一种设计方案都应进行技术经济评价，论证其技术上的可行性，经济上的合理性。通过技术经济比较，可优选出最佳设计方案。

（四）控制设计标准

在安全可靠的前提下，设计标准应合理。设计标准要与工程的规模、需要、财力相适应，该高的要高，不该高的不高，尽量节约资金，提高建设资金的保障度。

二、水利水电工程分类与项目组成及划分

（一）水利水电工程分类和工程概算组成

1. 工程分类

水利水电工程按工程性质可分为枢纽工程和引水工程及河道工程。

（1）枢纽工程

①水库工程；②水电站工程；③其他大型独立建筑物。

（2）引水工程及河道工程

①供水工程；②灌溉工程；③河湖整治工程；④堤防工程。

2. 工程概算构成

水利水电工程概算由工程以及移民和环境两部分构成。

（1）工程部分

①建筑工程；②机电设备及安装工程；③金属结构设备及安装工程；④施工临时工程；⑤独立费用。

（2）移民工程

①水库移民征地补偿；②水土保持工程；③环境保护。

工程各部分下设一级、二级、三级项目。

（二）水利水电工程项目组成及划分

水利水电工程概算，工程部分由建筑工程、机电设备及安装工程、金属结构设备及安装工程、施工临时工程、独立费用五部分内容组成。

三、水利水电工程费用构成

（一）工程费用组成

水利水电工程费用组成如下：

①工程费；②独立费用；③预备费；④建设期融资利息。

（二）建筑及安装工程费

建筑及安装工程费由直接工程费、间接费、企业利润、税金组成。

1. 直接工程费

指建筑安装工程施工过程中直接消耗在工程项目上的活劳动和物化劳动，由直接费、其他直接费、现场经费组成。

（1）直接费

包括以下各项：①人工费：基本工资；辅助工资；工资附加费。②材料费：材料原价；包装；运杂费；运输保险费；材料采购及保管费。③施工机械使用费：折旧费；修理及替换设备费；安装拆卸费；机上人工费；动力燃料费。

（2）其他直接费

①冬雨季施工增加费；②夜间施工增加费；③特殊地区施工增加费；④其他。

（3）现场经费

①临时实施费；②现场管理费。

2. 间接费

间接费指施工企业为建筑安装工程施工而进行组织和经营管理所发生的各项费用。它构成产品成本，由企业管理费、财务费用和其他费用组成。

3. 企业利润

企业利润指按规定应计入建筑、安装工程费用中的利润。

4. 税金

税金指国家对施工企业承担建筑、安装工程作业收入所征收的营业税、城市维护建设税和教育附加费。

（三）设备费

设备费包括设备原价、运杂费、运输保险费和采购及保管费。

（四）独立费用

独立费用由建设管理费、生产准备费、科研勘测设计费、建设及施工场地征用费和其他五项组成。

（五）预备费

预备费包括基本预备费和价差预备费。

（六）建设期融资利息

根据国家财政金融政策规定，工程在建设期内须偿还并应计入工程总价的融资利息。

四、基础单价编制

在编制水利水电工程概预算投资时，需要根据施工技术及材料来源、施工所在地区有关规定及工程具体特点等编制人工预算价格，材料预算价格，施工用电、风、水价格，施工机械台时（班）费以及自行采购的砂石材料价格等，这是编制工程单价的基本依据之一。这些预算价格统称为基础单价。

（一）人工预算单价

1. 人工预算单价的计算方法

（1）基本工资

基本工资（元/工日）＝基本工资标准（元/月）×地区工资系数×12月÷年应工作天数×1.068

（2）辅助工资

①地区津贴（元/工日）＝津贴标准（元/月）×12月÷年应工作天数×1.068

②施工津贴（元/工日）＝津贴标准（元/天）×365天×95%÷年应工作天数×1.068

③夜餐津贴（元/工日）＝（中班津贴标准＋夜班津贴标准）÷2×（20%～30%）

④节日加班津贴（元/工日）＝基本工资（元/工日）×3×10÷年应工作天数×35%

（3）工资附加费

①职工福利基金（元/工日）＝［基本工资（元/工日）＋辅助工资（元/工日）］×

费率标准（％）

②工会经费（元/工日）＝［基本工资（元/工日）＋辅助工资（元/工日）］×费率标准（％）

③养老保险费（元/工日）＝［基本工资（元/工日）＋辅助工资（元/工日）］×费率标准（％）

④医疗保险费（元/工日）＝［基本工资（元/工日）＋辅助工资（元/工日）］×费率标准（％）

⑤工伤保险费（元/工日）＝［基本工资（元/工日）＋辅助工资（元/工日）］×费率标准（％）

⑥职工失业保险费基金（元/工日）＝［基本工资（元/工日）＋辅助工资（元/工日）］×费率标准（％）

⑦住房公积金（元/工日）＝［基本工资（元/工日）＋辅助工资（元/工日）］×费率标准（％）

（4）人工工日预算单价

人工工日预算单价（元/工日）＝基本工资＋辅助工资＋工资附加费

（5）人工工时预算单价

人工工时预算单价（元/工时）＝人工工日预算单价（元/工日）÷日工作时间（工时/工日）

注：①1.068 为年应工作天数内非工作天数的工资系数；②计算夜餐津贴时，式中百分数，枢纽工程取 30％，引水及河道工程取 20％。

2. 人工预算单价计算标准

（1）有效工作时间

年应工作天数：251 工日；日工作时间：8 工时/工日。

（2）基本工资

根据国家有关规定和水利部水利企业工资制度改革办法，并结合水利工程特点分别确定了枢纽工程、引水工程有河道工程六类工资区分级工资标准。按国家规定享受生活费补贴的特殊地区，可按有关规定计算，并计入基本工资。

（二）材料预算价格

材料预算价格的一般计算公式：材料预算价格＝（材料原价＋供销部门手续费＋包装费＋运杂费＋运输损耗费）÷（1＋采保费率）－包装材料回收价值

1. 材料原价（或供应价格）

材料原价是指材料的出厂价格、进口材料抵岸价或销售部门的批发价和市场采购价（或信息价）。在确定材料原价时，如同一种材料，因来源地、供应单位或生产厂家不同，有几种价格时，要根据不同来源地的供应数量比例，采取加权平均的方法计算其材料的原价。

2. 包装费

包装费是为了便于材料运输和保护材料而进行包装所需的一切费用。包装费包括包装品的价值和包装费用。凡由生产厂家负责包装的产品，其包装费已计入材料原价内，不再另行计算，但应扣回包装品的回收价值。包装器材如有回收价值，应考虑回收价值。地区有规定者，按地区规定计算；地区无规定者，可根据实际情况确定。

3. 运杂费

材料运杂费是指材料由其来源地（交货地点）起（包括经中间仓库转运）运至施工地仓库或堆放场地上，全部运输过程中所支出的一切费用，包括车船等的运输费、调车费、出入仓库费、装卸费等。

4. 运输损耗费

材料运输损耗是指材料在运输和装卸搬运过程中不可避免的损耗，一般通过损耗率来规定损耗标准。

5. 采购及保管费

材料采购及保管费是指为组织采购、供应和保管材料过程中所需的各项费用，包括采购费、仓储费、工地保管费、仓储损耗。

6. 检验试验费

检验试验费是指对建筑材料、构件和建筑安装物进行一般鉴定、检查所发生的费用，包括自设实验室进行实验所耗用的材料和化学药品等费用。

（三）电、水、风预算价格

1. 施工用电价格

施工用电价格由基本电价、电能损耗摊销费和供电设施维修摊销费组成，按国家或工程所在省、自治区、直辖市规定的电网电价和规定的加价进行计算。

2. 施工用水价格

施工用水价格由基本水价、供水损耗和供水设施维修摊销费组成，根据施工组织设计所配备的供水系统设备组（台）时总费用和组（台）时总有效供水量计算。

3. 施工用风价格

施工用风价格由基本风价、供风损耗和供风设施维修摊销费组成，根据施工组织设计所配备的空气压缩机系统设备组（台）时总费用和组（台）时总有效供风量计算。

（四）砂石料单价

水利工程砂石料由承包商自行采备时，砂石料单价应根据料源情况、开采条件和工艺流程计算，并计入直接工程费、间接费、企业利润及税金。

五、建筑安装工程单价编制

（一）工程单价的概念及分类

工程单价，是指以价格形式表示的完成单位工程量所消耗的全部费用，包括直接工程费、间接费、计划利润和税金四部分。建筑工程单价由"量、价、费"三要素组成。

（二）建筑工程单价编制

1. 编制依据

①已批准的设计文件；②现行水利水电概预算定额；③有关水利水电工程设计概预算的编制规定；④工程所在地区施工企业的人工工资标准及有关文件政策；⑤本工程使用的材料预算价格及电、水、风、砂、石料等基础价格；⑥各种有关的合同、协议、决定、指令、工具书等。

2. 编制步骤

①了解工程概况，熟悉施工图纸，收集基础资料，确定取费标准；②根据工程特征和施工组织设计确定的施工条件、施工方法及设备配备情况，正确选用定额子目；③根据本工程基础单价和有关费用标准，计算直接工程费、间接费、企业利润和税金，并加以汇总。

3. 编制方法

建筑工程单价的计算，通常采用"单位估价表"的形式进行。单位估价表是用货币形式表现定额单位产品的一种表示，水利水电工程现称"工程单价表"。

（三）安装工程单价编制

安装工程费是项目费用构成的重要组成部分。安装工程单价的编制是设计概算的基础工作，应充分考虑设备型号、重量、价格等有关资料，正确使用安装定额编制单价。使用安装工程概算定额要注意的问题：一是使用现行安装工程定额时，要注意认真阅读总说明和各章说明；二是若安装工程中含有未计价装置性材料，则计算税金时应计入未计价装置性材料费的税金；三是在使用安装费率定额时，以设备原价作为计算基础。安装工程人工费、材料费、机械使用费和装置性材料费均以费率（%）形式表示，除人工费率外，使用时均不做调整；四是进口设备安装应按现行定额的费率，乘以相应国产设备原价水平对进口设备原价的比例系数，换算为进口设备安装费率。

第四节　水利建设项目招标投标阶段的造价管理

一、水利水电工程招标与投标

（一）建设项目招标投标及其意义

1. 招标与投标

建设工程招标是指招标人在建设项目发包之前，公开招标或邀请投标人，根据招标人的意图和要求提出报价，择日当场开标，以便从中择优选定中标人的一种经济活动。建设工程投标是工程招标的对称概念，指具有合法资格和能力的投标人根据招标条件，经过初步研究和估算，在规定期限内填写标书，提出报价，并参加开标，决定能否中标的经济活动。

2. 招标投标的意义

实行建设项目的招标投标是我国建筑市场趋向规范化、完善化的重要举措，对择优选择承包单位、全面降低工程造价，进而使工程造价得到合理有效的控制，具有十分重要的意义，具体表现在：

（1）通过招标投标形成市场定价的价格机制，使工程价格更加趋于合理。各投标人为了中标，往往出现相互竞标，这种市场竞争最直接、最集中地表现为价格竞争。通过竞争确定工程价格，使其趋于合理或下降，这将有利于节约投资、提高投资效益。

（2）能不断降低社会平均劳动消耗水平，使工程价格得到有效控制。投标单位要想中标，其个别劳动消耗水平必须最低或接近最低，这样将逐步而全面地降低社会平均劳动消耗水平。

（3）便于供求双方更好地相互选择，使工程价格更加符合价值基础，进而更好地控制工程造价。

（4）有利于规范价格行为，使公开、公平、公正的原则得以贯彻，使价格形成过程变得透明而规范。

（5）能够减少交易费用，节省人力、物力、财力，进而使工程造价有所降低。

3. 建设项目招标的种类

①总承包招标；②建设项目勘察招标；③建设项目设计招标；④建设项目施工招标；⑤建设项目监理招标；⑥建设项目材料设备招标。

4. 建设项目招标的方式

（1）从竞争程度进行分类，可以分为公开招标、邀请招标和直接发包。①公开招标，指招标人通过报刊、广播或电视等公共传播媒介介绍、发布招标公告或信息而进行招标，是一种无限制的竞争方式。②邀请招标，指招标人以投标邀请书的方式邀请特定的法人或者其他组织投标。受邀请者应为三人以上，邀请招标为有限竞争性招标。③直接发包，指招标人将工程直接发包给具有相应资质条件的承包人，但必须经过相关部门批准。

（2）从招标的范围进行分类，可以分为国际招标和国内招标。

（二）水利水电工程招标

1. 工程招标条件

（1）招标人已经依法成立；

（2）初步设计及概算应当履行审批手续的，已经批准；

（3）招标范围、方式和组织形式履行核准手续，已经核准；

（4）有相应资金或资金来源已经落实；

（5）有招标所需的设计图纸及技术资料。

2. 建设项目招标程序

（1）招标准备；

（2）招标公告和投标邀请书的编制与发布；

（3）资格预审；

（4）编制和发售招标文件；

（5）勘察现场与召开投标预备会；

（6）建设项目投标；

（7）开标、评标和定标。

（三）水利水电工程承包合同的类型

水利水电工程施工合同按计价方法不同分为四种，即总价合同、单价合同、成本加酬金合同和混合合同。

二、水利水电工程标底编制办法

（一）标底的含义和作用

标底是招标人根据招标项目的具体情况编制的，完成招标项目所需要的全部费用。标底的作用包括以下几个方面：

1. 标底是招标工程的预期价格，能反映拟建工程的资金额度。标底的编制过程是对项目所需费用的预先自我测算过程，通过标底的编制可以促使招标单位事先加强工程项目的成本调查和预测，做到对价格和有关费用心中有数。

2. 标底是控制投资、核实建设规模的依据。标底须控制在批准的概算或投资包干的限额之内。

3. 标底是评标的重要尺度。只有编制了标底，才能正确判断投标者所投报价的合理性和可靠性，否则评标就是盲目的。因此，标底又是评标中衡量投标报价是否合理的尺度。

4. 标底编制是招标中防止盲目报价、抑制低价抢标现象的重要手段。在评标过程中，以标底为准绳，剔除低价抢标的标书是防止这种现象的有效措施。

（二）标底的编制原则和依据

1. 编制标底应遵循的原则

①标底编制应遵循客观、公正原则；②标底编制应遵循"量准价实"原则；③标底编制应遵循价值规律。

2. 标底的编制依据

①招标文件；②概、预算定额；③费用定额；④工、料、机价格；⑤施工组织方案；⑥初步设计文件（或施工图设计文件）。

（三）标底的编制方法

当前，我国建筑工程招标的标底，主要采用以施工图预算、设计概算、扩大综合定额、平方米造价包干为基础的四种方法来编制。

三、水利水电工程投标报价

投标报价的主要工作包括投标报价前的准备工作和投标报价的评估与决策两部分。

（一）投标报价前的准备工作

1. 研究招标文件

（1）合同条件

①要核准投标截止日期和时间；投标有效期；由合同签订到开工允许时间；总工期和分阶段验收的工期；工程保修期等。②关于误期赔偿费的金额和最高限额的规定；提前竣工奖励的有关规定。③关于履约保函或担保的有关规定，保函或担保的种类、要求和有效期。④关于付款条件。⑤关于物价调整条款。⑥关于工程保险和现场人员事故保险等规定。⑦关于人力不可抵抗因素造成损害的补偿办法与规定；中途停工的处理办法与补救措施。

（2）承包人的职责范围和报价要求

①明确合同类型，类型不同承包人的责任和风险不同；②认真落实要求报价的报价范围，不应有含糊不清之处；③认真核算工程量。

（3）技术规范和图纸

①要特别注意规范中有无特殊施工技术要求，有无特殊材料和设备技术要求，有无允许选择代用材料和设备的规定等；②图纸分析要注意平、立、剖面图之间尺寸、位置的一致性，结构图与设备安装图之间的一致性，发现矛盾提请招标人澄清和修正。

2. 工程项目所在地的调查

（1）自然条件调查

气象资料、水文及水文地质资料、地震及其他自然灾害情况、地质情况等。

（2）施工条件调查

工程现场的用地范围、地形、地貌、地物、标高、地上或地下障碍物，现场的"三通一平"情况；工程现场周围的道路、进出场条件；工程现场施工临时设施、大型施工机具、材料堆放场地安排的可能性，是否需要二次搬运；工程施工现场邻近建筑物与招标工程的间距、结构形式、基础埋深、高度；当地供电方式、方位、距离、电压等；工程现场通信线路的链接和铺设；当地政府对施工现场管理的规定要求，是否允许节假日和夜间施工。

3．市场状况调查

（1）对招标方情况的调查。包括对本工程资金来源、额度、落实情况，本工程各项审批手续是否齐全，招标人员的工程建设经历和监理工程师的资历等。

（2）对竞争对手的调查。

（3）生产要素市场调查。

4．参加标前会议和勘察现场

（1）标前会议

标前会议也称投标预备会，是招标人给所有投标人提供的一次答疑的机会，应积极准备和参加。

（2）现场勘察

是标前会议的一部分，招标人组织所有投标人进行现场参观，选派有丰富经验的工程技术人员参加。

5．编制施工规划

在进行计算标价之前，首先应制订施工规划，即初步的施工组织设计。施工规划内容一般包括工程进度计划和施工方案等，编制施工规划的原则是在保证工期和质量的前提下，尽可能使工程成本最低，投标报价合理。

（二）投标报价的编制

1．投标报价的原则

（1）以招标文件中设定的发承包双方责任划分，作为考虑投标报价费用项目和费用计算的基础；

（2）以施工方案、技术措施等作为投标报价计算的基本条件；

（3）以反映企业技术和管理水平的企业定额作为计算人工、材料和机械台班消耗量的基本依据；

（4）充分利用现场考察调研成果、市场价格信息和行情资料编制基本价格，确定调价方法；

（5）报价计算方法要科学严谨，简明适用。

2．投标报价的计算依据

（1）招标单位提供的招标文件、设计图纸、工程量清单及有关的技术说明书和有关招标答疑材料；

（2）国家及地区颁发的现行预算定额及与之配套执行的各种费用定额规定等；

（3）地方现行材料预算价格、采购地点及供应方式等；

（4）企业内部制定的有关取费、价格的规定、标准；

（5）其他与报价计算有关的各项政策、规定及调整系统。

3. 投标报价编制方法

编制投标报价的主要程序和方法与编制标底基本相同，但由于作用不同，编制投标报价时要充分考虑本企业的具体情况、施工水平、竞争情况、管理经验以及施工现场情况等因素，进行适当的调整。

第五节　水利建设项目施工阶段的造价管理

一、业主预算

（一）业主预算及其作用

业主预算是初步设计审批之后，按照"总量控制、合理调整"的原则，为满足业主的投资管理和控制需求而编制的一种内部预算，或称为执行概算。

业主预算的主要作用有：作为向主管部门或主列报年度静态投资完成额的依据；作为控制静态投资最高限额的依据；作为控制标底的依据；作为考核工程造价盈亏的依据；作为进行限额设计的依据；作为年度价差调整的基本依据。

（二）业主预算编制

1. 业主预算的组成

业主预算由编制说明、总预算表、预算表、主要单价汇总表、单价计算表、人工预算单价、主要材料预算价格汇总表、调价权数汇总表、主要材料数量汇总表、工时数量汇总表、施工设备台时数量汇总表、分年度资金流程表、业主预算与设计概算投资对照表、业主预算与设计概算工程量对照表、有关协议和文件组成。

2. 项目划分

业主预算项目原则上可划分为四个层次。第一层次划分为业主管理项目、建设单位管理项目、招标项目和其他项目四部分。第二、三、四层次的项目划分，原则上按照行业主管部门颁布的工程项目划分要求，结合业主预算的特点，以及工程的具体情况和工程投资管理的要求设定。

3. 编制依据

编制依据包括行业主管部门颁发的建设实施阶段造价管理办法、行业主管部门颁发的业主预算编制办法、批准的初步设计概算、招标设计文件和图纸、业主的招标分标规划书和委托任务书、国家有关的定额标准和文件、董事会的有关决议和决定、出资方基本金协议、工程贷款和发行债券协议、有关合同和协议等。

4. 编制原则和方法

（1）当条件具备时，可一次编制整个工程的业主预算，也可分期分批编制单项工程的业主预算，最后总成整个工程的业主预算。

（2）各单项工程业主预算的项目划分和工程量原则上与招标文件一致，价格水平与初步设计概算编制年份的价格水平一致。

（3）基础单价、施工利润、税金与初步设计概算一致，不易变动。

（4）其他直接费率、间接费率、人工功效、材料消耗定额及施工设备设备生产效率和基本预备费，可以调整优化。

5. 减少利息支出和汇率风险

水利水电工程工期较长，编制业主预算时，应注意实现合理使用资金，减少利息支出和汇率风险。

二、工程计量与支付

（一）工程的计量

1. 计量的目的

计量是对承包人进行中间支付的需要；计量是工程投资控制的需要。

2. 计量的依据

监理工程师主要是依据施工图和对施工图的修改指令或变更通知，以及合同文件中相应合同条款进行计量。

3. 完成工程量计量

（1）每月月末承包人向监理工程提交月付款申请单和完成工程量月报表；

（2）完成的工程量由承包人进行收方测量后报监理人核实；

（3）合同工程量清单中每个项目的全部工程量完成后，在确定最后一次付款时，由监理人共同核实，避免工程量重复计算或漏算；

（4）除合同另有规定外，各个项目的计量方法应按合同技术条款的有关规定执行；

（5）计量均应采用国家法定的计量单位，并与工程量清单中的计量单位一致。

（二）工程支付

1. 工程支付依据

工程支付的主要依据是合同协议、合同条件、技术规范中相应的支付条款，以及在合同执行过程中经监理工程师或监理工程师代表发出的有关工程修改或变更的通知和工程计量的结果。

2. 工程支付的条件

（1）施工总进度的批准将是第一次月支付的先决条件；

（2）单项工程的开工批准是该单项工程支付的条件；

（3）中间支付证书的净金额应符合合同规定的最小支付金额。

3. 工程支付的方法

工程支付通常有三种方式，即工程预付款、中间付款和最终支付。

4. 工程支付的程序

（1）承包人提出符合监理工程师指定格式的月报表；

（2）监理工程师审查和开具支付书；

（3）业主付款。

5. 工程支付的内容

工程支付的内容包括预付款、月进度付款、完工结算和最终付款等部分。

（三）价格调整

水利水电工程项目施工阶段调整主要包括因物价变动和法规变更引起的价格调整。

（四）工程变更

水利水电土建工程受自然条件等外界因素的影响较大，工程情况比较复杂，在工程实施过程中不可避免地会发生变更。按合同条款的规定，任何形式上的、质量上的、数量上的变动，都称为工程变更。它既包括工程具体项目的某种形式上的、质量上的、数量上的改动，也包括合同文件内容的某种改动。

三、索赔

（一）工程索赔

建设工程索赔通常是指在工程合同履行过程中，合同当事人一方因对方不履行或未能正确履行合同或者由于其他非自身因素而受到经济损失或权利损害，通过合同规定的程序向对方提出经济或时间补偿要求的行为。

（二）工程索赔的意义

在工程建设的任何阶段都可能发生索赔。但发生索赔最集中、处理难度最复杂的情况发生在施工阶段，因此，我们通常说的工程建设索赔主要是指工程施工的索赔。合同执行的过程中，如果一方认为另一方没能履行合同义务或妨碍了自己履行合同义务或是当发生合同中规定的风险事件后，结果造成经济损失，此时受损方通常会提出索赔要求。显然，索赔是一个问题的两个方面，是签订合同的双方各自应该享有的合法权利，实际上是业主与承包商之间在分担工程风险方面的责任再分配。

索赔是合同执行阶段一种避免风险的方法，同时也是避免风险的最后手段。工程建设索赔在国际建筑市场上是承包商保护自身正当权益、弥补工程损失、提高经济效益的重要手段。许多工程项目通过成功索赔，能使工程收入的改善达到工程造价的 10%～20%，有些工程的索赔甚至超过了工程合同额本身。在国内，索赔及其管理还是工程建设管理中一个相对薄弱的环节。索赔是一种正当的权利要求，它是业主、监理工程师和承包商之间一项正常的、大量发生而普遍存在的合同管理业务，是一种以法律和合同为依据的合情合理的行为。

（三）索赔的原则

①以合同为依据；②以完整、真实的索赔证据为基础；③及时、合理地处理索赔。

（四）索赔程序

①索赔事件发生后 28d 内，向监理工程师发出索赔意向通知；②发出索赔意向通知后的 28d 内，向监理工程师提交补偿经济损失和（或）延长工期的索赔报告及有关资料；③监理工程师在收到承包人送交的索赔报告和有关资料后，于 28d 内给予答复；④监理工程师在收到承包人送交的索赔报告和有关资料后，28d 内未予答复或未对承包人提出进一步要求，视为该项索赔已经认可；⑤当该索赔事件持续进行时，承包人应当阶段性向监理工程师发出索赔意向通知。在索赔事件终了后 28d 内，向监理工程师提供索赔的有关资料

和最终索赔报告。

四、资金使用计划编制与控制

(一) 资金使用计划

资金使用计划是指为合理控制工程造价，做好资金的筹集与协调工作，在施工阶段，根据工程项目的设计方案、施工方案、施工总进度计划、机械设备，以及劳动力安排等编制的，能够满足工程项目建设需要的资金安排计划。资金安排计划能控制实际支出金额，能充分发挥资金的作用，能节约资金，提高投资效益。

(二) 施工阶段资金使用计划的编制

可采取按不同子项目编制资金使用计划和按时间进度编制资金使用计划两种方式进行。

第三章 水利工程项目建设进度管理

第一节 进度管理的基本概念

一、工程进度管理的概念

在全面分析建设工程项目的工作内容、工作程序、持续时间和逻辑关系的基础上编制进度计划，力求使拟订的计划具体可行、经济合理，并在计划实施的过程中，通过采取有效措施，为确保预定进度目标的实现，而进行的组织、指挥、协调和控制（包括必要时对计划进行调整）等活动，称之为工程项目的进度管理。

项目进度管理是项目管理的一个重要方面，与项目费用管理、项目质量管理等同为项目管理的重要组成部分。它是保证项目如期完成或合理安排资源供应，节约工程成本的重要措施之一。

工程项目进度管理通常有以下几个特点：

（一）进度管理是一个动态过程

工程项目通常建设周期较长，随着工程项目的进展，各种内部、外部环境和条件的变化，都会使工程项目本身受到一定的影响。因此，在工程实施过程中，进度计划也应随着环境和条件的改变而做出相应的修改和调整，以保证进度计划的指导性和可行性。

（二）进度计划具有很强的系统性

工程项目进度计划是控制工程项目进度的系统性计划体系，既有总的进度计划，又有各个阶段的进度计划，诸如项目前期工作计划、工程设计进度计划、工程施工进度计划等，每个阶段的计划又可分解为若干子项计划。所有这些计划在内容上彼此联系，相互影响。

（三）进度管理是一种既有综合性又有创造性的工作

工程项目进度管理不但要沿用前人的管理理论知识，借鉴同类工程项目的进度管理经验和技术成果，而且还要结合工程项目的具体情况，大胆创新。

（四）进度管理具有阶段性和不平衡性

工程进展的各个阶段，如工程准备阶段、招投标阶段、勘察设计阶段、施工阶段、竣工阶段等都有明确的起始与完成时间以及不同的工作内容，因此，相应的进度计划和实施控制的方式也不相同。

二、项目进度管理程序和内容

（一）工程项目进度管理程序

工程项目进度管理，须结合工程项目所处环境及其自身特点和内在规律，按照科学合理的方法及程序，采取一系列相关措施，有计划有步骤地监测和管理项目。一般而言，进度管理应按以下程序进行：

1. 确立项目进度目标；

2. 编制工程项目进度计划；

3. 实施工程项目进度计划，经常地、定期地对执行情况进行跟踪检查，收集有关实际进度的资料和数据；

4. 对有关资料进行整理和统计，将实际进度和计划进度进行分析对比；

5. 若发现问题，即实际进度与计划进度对比发生偏差，则根据实际情况采取相应的措施，必要的时候进行计划调整；

6. 继续执行原计划或调整后的计划。重复3、4、5步骤，直至项目竣工验收合格并移交。

（二）工程项目进度管理内容

工程项目进度管理包括两大部分内容，即项目进度计划的编制和项目进度计划的控制。

1. 项目进度计划的编制

（1）工程项目进度计划的作用

凡事预则立，不预则废。在项目进度管理上亦是如此。在项目实施之前，必须先制订一个切实可行的、科学的进度计划，然后再按计划逐步实施。这个计划的作用有：①为项目实施过程中的进度控制提供依据；②为项目实施过程中的劳动力和各种资源的配置提供依据；③为项目实施有关各方在时间上的协调配合提供依据；④为在规定期限内保质、高效地完成项目提供保障。

（2）工程项目进度计划的分类

①按项目参与方划分，有业主进度计划、承包商进度计划、设计单位进度计划、物资供应单位进度计划等；②按项目阶段划分，有项目前期决策进度计划、勘察设计进度计划、施工招标进度计划、施工进度计划等；③按计划范围划分，有建设工程项目总进度计划，单项（单位）工程进度计划，分部、分项工程进度计划等；④按时间划分，有年度进度计划、季度进度计划、月度进度计划、周进度计划等。

（3）制订项目进度计划的步骤

为满足项目进度管理和各个实施阶段项目进度控制的需要，同一项目通常需要编制各种项目进度计划。这些进度计划的具体内容可能不同，但其制定步骤却大致相似。一般包括收集信息资料、进行项目结构分解、项目活动时间估算、项目进度计划编制等步骤。为保证项目进度计划的科学性和合理性，在编制进度计划前，必须收集真实、可靠的信息资料，以作为编制计划的依据。这些信息资料包括项目开工及投产的日期；项目建设的地点及规模；设计单位各专业人员的数量、工作效率、类似工程的设计经历及质量；现有施工单位资质等级、技术装备、施工能力、类似工程的施工状况；国家有关部门颁发的各种有关定额等资料。

工作结构分解（WBS）是指根据项目进度计划的种类、项目完成阶段的分工、项目进度控制精度的要求，以及完成项目单位的组织形式等情况，将整个项目分解成一系列相关的基本活动。这些基本活动在进度计划中通常也被称为工作。项目活动时间估算是指在项目分解完毕后，根据每个基本活动工作量的大小、投入资源的多少及完成该基本活动的条件限制等因素，估算完成每个基本活动所需的时间。项目进度计划编制就是在上述工作的基础上，根据项目各项工作完成的先后顺序要求和组织方式等条件，通过分析计算，将项目完成的时间、各项工作的先后顺序、期限等要素用图表形式表示出来，这些图表即项目进度计划。

2. 项目进度计划的控制

项目进度控制，是指制订项目进度计划以后，在项目实施工程中，对实施进展情况进行的检查、对比、分析、调整，以确保项目进度计划总目标得以实现的活动。

在项目实施工程中，必须经常检查项目的实际进展情况，并与项目进度计划进行比较。如果实际进度与计划进度相符，则表明项目完成情况良好，进度计划总目标的实现有保证。如果实际进度已偏离了计划进度，则应分析产生偏差的原因和对后续工作及项目进度计划总目标的影响，找出解决问题的办法和避免进度计划总目标受影响的切实可行措施，并根据这些办法和措施，对原项目进度计划进行修改，使之符合现在的实际情况并保证原项目进度计划总目标得以实现。然后再进行新的检查、对比分析、调整，直至项目最终完成。

三、工程项目进度管理的方法

（一）工程项目进度计划的表示方法

工程项目进度计划的主要表达形式有横道图、垂直图、进度曲线、里程碑计划、网络图、形象进度图等。这些进度计划的表达形式通常是相互配合使用，以供不同部门、层次的进度管理人员使用。

1. 横道图

横道图，也称为甘特图，是1917年美国人甘特（Gantt）发明的，经长期应用与改进，已成为一种被广泛应用的进度计划表示方法。横道图的左边按活动的先后顺序列出项目的活动名称，右边是进度标，上边的横栏表示时间，用水平线段在时间坐标下标出项目的进度线，水平线段的位置和长短反映该项目从开始至完工的时间。可将每天、每周或每月的实际进度情况定期记录在横道图上。

这种方法简单明了，易于掌握，便于检查和计算资源需求情况。然而这种方法也存在如下缺点：不能明确地反映各项工作之间的逻辑关系；当一些工作不能按计划实施时，无法分析其对后续工作和总工期的影响；不能明确关键工作和关键线路。因此，难以对计划执行过程中出现的问题做出准确分析，不利于调整计划，发掘潜力，进行合理安排，也不利于工期和费用的优化。

2. 垂直图

垂直图比较法以横轴表示时间，纵轴表示各工作累计完成的百分比或施工项目的分段，图中每一条斜线表示其中某一工作的实施进度。这种方法常用于具有重复性工作的工程项目（如铁路、公路、管线等）的进度管理。

3. 网络图

网络图是由箭线和节点组成的，用来表示工作流程的有向、有序网状图形。它首先将整个工程项目分解为一个个独立的子项作业任务（工作），然后按这些工作之间的逻辑关系，从左至右用节点和箭线连接起来，绘制成表示工程项目所包含的全部工作连接关系的网状图形。网络计划具有以下特点：

（1）网络计划能够明确表达各项工作之间的逻辑关系。所谓逻辑关系，是指各项工作的先后顺序关系。网络计划能够明确表达各项工作之间的逻辑关系，对于分析各项工作之间的相互影响及处理其间的协作关系具有非常重要的意义，同时也是网络计划比横道计划先进的主要特征。

（2）通过网络计划时间参数的计算，可以找出关键线路和关键工作。在关键线路法（CPM）中，关键线路是指在网络计划中从起点节点开始，沿箭线方向通过一系列箭线与节点，最后到达终点节点为止所形成的通路上所有工作持续时间总和最大的线路。关键线路上各项工作持续时间总和即为网络计划的工期，关键线路上的工作就是关键工作，关键工作的进度将直接影响网络计划的工期。通过时间参数的计算，能够明确网络计划中的关键线路和关键工作，也就明确了工程进度控制中的工作重点，这对提高建设工程进度控制的效果具有非常重要的意义。

（3）通过网络计划的时间参数的计算，可以明确各项工作的机动时间。所谓工作的机动时间，是指在执行进度计划时除完成任务所必需的时间外尚剩余的、可供利用的富余时间，亦称时差。在一般情况下，除关键工作外，其他各项工作（非关键工作）均有富余时间。这种富余时间可视为一种"潜力"，既可以用来支援关键工作，也可以用来优化网络计划，降低单位时间的资源需求量。

（4）网络计划可以利用电子计算机进行计算、优化和调整。对进度计划进行优化和调整是工程进度控制工作中的一项重要内容。仅靠手工计算、优化和调整是非常困难的，加之影响建设工程进度的因素有很多，只有利用电子计算机进行计划的优化和调整，才能适应实际变化的要求。

4. 进度曲线

进度曲线是以时间为横轴，以完成的累积工作量为纵轴，按计划时间累计完成任务量的曲线作为预定的进度计划。这种累计工程量的具体表示内容可以是实物工程量的大小、工时消耗或费用支出额，也可以用相应的百分比来表示。从整个工程的时间范围来看，由于工程项目在初期和后期单位时间投入的资源量较少，中期投入较多，因而累计完成的任务量呈S形，也称S曲线。

5. 里程碑计划

里程碑计划是在横道图上标示出一些关键事项，这些事项能够明显地确认，一般用来反映进度计划执行中各个施工子项目或施工阶段的目标。通过这些关键事项在一定时间内的完成情况可反映工程项目进度计划的进展情况，因而这些关键事项被称为里程碑。如在小浪底水利枢纽工程中，承包商在进度计划中确定了 13 个完工日期和最终完工日期作为工程里程碑，目标明确，便于控制工程进度，也使工程总进度目标的实现建立在可靠的基础上。运用里程碑需要与横道图和网络图结合使用。

6. 形象进度图

结合工程特点绘制进度计划图，如隧洞开挖与衬砌工程，可以在隧洞示意图上以不同颜色或标记表示工程进度。形象进度图的主要特点是形象、直观。

（二）工程项目进度控制方法

项目进度计划实施过程中的控制方法就是上述动态控制方法。即以项目进度计划为依据，在实施过程中不断跟踪检查实施情况，收集有关实际进度的信息，比较和分析实际进度与计划进度的偏差，找出偏差产生的原因和解决办法，确定调整措施，对原进度计划进行修改后再予以实施。随后继续检查、分析、修正；再检查、分析、修正……直至项目最终完成。整个项目实施过程都处在动态的检查修正过程之中。要求项目不折不扣地按照原定进度计划实施的做法是不现实的，也是不科学的。所以，只能是在不断检查分析调整中来对项目进度计划的实施加以控制，以保证其最大限度地符合变化后的实施条件，并最终实现项目进度计划总目标。

第二节　网络计划技术的主要种类

一、网络计划的种类

按网络计划的结构和功能划分，网络计划可分为以下三类：

（一）肯定性网络

网络图的结构形式和时间参数都是肯定性的，如 CPM 网络计划。

（二）概率性网络

网络图的结构形式是肯定性的，而时间参数是非肯定性的，如 PERT 网络计划；或者网络图的结构形式是非肯定性的，而时间参数是肯定性的，如 D-CPM 网络计划。

（三）随机性网络

网络图的结构形式和时间参数都是随机的，如 GERT 网络计划和 VERT 网络计划。

CPM 网络计划按网络图的形式可划分为两种，即双代号网络计划（A-on-A）：网络图以箭线表示工作，用两个代号代表一项工作；单代号网络计划（A-on-N）：网络图以节点表示工作，用一个代号代表一项工作。

二、网络图的绘制

（一）网络图的构成

1. 双代号网络图（A-on-A）的构成

双代号网络图以箭线表示工作，节点表示工作之间的连接，一项工作由两个代号代表。节点不仅表示工作之间的联系，还具有状态含义，既是前一工作的完成，同时又是后一工作的开始，具有时间概念，故节点又称为事件。综上所述，双代号网络图的基本构成是箭线、节点和线路，并通过箭线的箭头方向和节点的连接，表明工作的顺序和流向。

2. 单代号网络图（A-on-N）的构成

单代号网络图以节点表示工作，箭线表示工作间的连接，一项工作由一个代号代表。单代号网络图的基本构成也是节点、箭线和线路，并按箭线的箭头方向表明工作的顺序和流向。

无论是双代号网络图，还是单代号网络图，都是有向有序的连通图。双代号网络图与单代号网络图在使用上各有优缺点。双代号网络图逻辑关系表达清楚，可以画成具有时间坐标的时标网络图，应用普遍。但当逻辑关系复杂时，需要加入虚工作，增加了画图与运算的复杂性。单代号网络图绘图方便，易于修改，不需要加入虚工作，但图形比前者复杂，计算输入量较前者大，计算时间较长。

（二）网络图的绘制

绘制网络图是编制网络计划的基础。网络图可以用手工绘制，也可以用计算机操作在绘图仪上绘制。一般而言，小型工程项目可用手工绘图，大中型工程项目则应该用计算机绘图。无论是手工绘图还是计算机绘图，都应首先正确地确定构成计划的各项工作间的相互联系和制约关系——逻辑关系，在此基础上才能画出反映工程实际的网络图。

1. 双代号网络图的绘制

（1）确定逻辑关系

逻辑关系是指各项工作之间客观存在的一种先后顺序关系。这种关系有两类：一类是工艺关系，另一类是组织关系。工艺关系是由施工工艺所确定的各工作间的先后顺序关系，它受客观规律的支配，一般是不能人为更改的，它与工程的特点、建筑物的结构形式、施工方法有关。例如，钢筋混凝土工程，按其工艺必须先架立模板，其次是放置钢筋骨架，最后浇筑混凝土。这一先后顺序是由钢筋混凝土施工工艺所确定的。组织关系是由于资源的限制、组织与安排的需要、自然条件的影响、领导者的意图等而形成的工作间的先后顺序关系，这种关系不是由工程本身所决定的，而是人为的。不同的组织方式会形成不同的组织关系，这种关系不但可以调整而且可以优化。例如，采用分段流水作业施工就是反映施工的组织关系。所以，在绘制网络图时，应根据施工工艺和施工组织的要求，正确地反映各工作间的这种逻辑关系。

确定逻辑关系是对每一项工作逐一地确定与其相关工作的联系。这种联系是二元的，即指两两工作间的联系。这种联系表现为该项工作与其紧前工作的关系，或该项工作与其紧后工作的关系，或该项工作与其并行工作的关系。对某一项工作来说，确定其逻辑关系应考虑以下三种情况：①该工作必须在哪些工作完成之后才能开始，即哪些工作在其之前；②该工作必须在哪些工作开始之前完成，即哪些工作紧其后；③该工作可以与哪些工作同时进行，即哪些工作是与其并行。

（2）虚箭线的使用

在双代号网络图中，为了正确反映工作间的逻辑关系，有时需要引入虚箭线（箭线用虚线画出）或称虚工作，使相关的工作联系起来，使不相关的工作不发生联系。虚箭线不具有任何实际工作的意义，并且不消耗任何时间和资源量，它只反映工作间的逻辑连接。在双代号网络图中，使用虚箭线是为了正确表达工作之间的逻辑连接，但是虚箭线的使用将会增加绘图和计算的工作量以及编制网络计划的时间，因此，应尽可能少并恰到好处地使用虚箭线。

（3）基本绘图规则

在绘制双代号网络图时，一般应遵循以下基本规则：①网络图必须按照已定的逻辑关系绘制。由于网络图是有向、有序网状图形，所以必须严格按照工作之间的逻辑关系绘制，这也是保证工程质量和资源优化配置及合理使用所必需的。②网络图中禁止从一个节点出发，顺箭头方向又回到原出发点的循环回路。如果出现循环回路，会造成逻辑关系混乱，使工作无法按顺序进行。③网络图中的箭线（包括虚箭线，以下同）应保持自左向右的方向，不应该出现箭头指向左方的水平箭线和箭头偏向左方的斜向箭线。若遵循该规则绘制网络图，不会出现循环回路。④网络图中严禁出现双向箭头和无箭头的连线。⑤网络图中严禁出现没有箭尾节点的箭线和没有箭头节点的箭线。⑥禁止在箭线上引入或引出箭线。但当网络图的起点节点有多条箭线引出（外向箭线）或终点节点有多余箭线引入（内向箭线）时，为使图形简洁，可用母线法绘图，即将多项箭线经一条共用的垂直线段从起点节点引出，或将多条箭线经一条共用的垂直线段引入终点节点。对于特殊线型的箭线，如粗箭线、双箭线、虚箭线、彩色箭线等，可在从母线上引出的支线上标出。⑦应尽量避免网络图中工作箭线的交叉。当交叉不可避免时，可以采用过桥法或指向法处理。⑧网络图中应只有一个起点节点和一个终点节点（任务中部分工作需要分期完成的网络计划除外）。除网络图的起点节点和终点节点外，不允许出现没有外向箭线的节点和没有内向箭线的节点。

（4）绘制网络图

一般利用计算机进行网络分析，则人们仅须将工程活动的逻辑关系输入计算机。计算机可以自动绘制网络图，并进行网络分析。但有些小的项目或一些自网络仍需要人工绘制和分析。在双代号网络的绘制过程中有效且灵活的使用虚箭线是十分重要的。双代号网络的绘制容易出现逻辑关系的错误，防止错误的关键是正确使用虚箭线。一般先按照某个活动的紧前活动关系多加虚箭线，以防止出错。待将所有的活动画完后再进行图形整理，可将多余的删除。在绘制网络图时，要始终记住绘图规则。当遇到工作关系比较复杂时，要尝试进行调整，如箭线的相互位置，增加虚箭线等，最重要的是满足逻辑关系。当网络图初步绘成后，要在满足逻辑关系的前提下，对网络图进行调整。要熟练绘制双代号网络图，必须多加练习。

2. 单代号网络图的绘制

单代号网络图各工作间的逻辑关系，依然是根据工程项目施工的工艺关系和组织关系的先后顺序来确定。逻辑关系的确定方法与双代号网络图相同。绘制单代号网络图的基本规则与绘制双代号网络图，有两点不同：一是单代号网络图没有虚箭线；二是在绘制单代号网络图时，若在开始和结束的一些（两个或两个以上的工作）没有必要的逻辑关系时，必须在开始和结束处增加一个虚拟的起始节点和一个虚拟的结束节点，以表示网络图的开始和结束，以便时间参数的推算。

三、双代号时标网络计划

（一）基本概念

双代号时标网络计划，简称为时标网络计划，必须以水平时间坐标为尺度表示工作时间，时标的时间单位应根据需要在编制网络计划之前确定，可以是小时、天、周、月或季度等。在时标网络计划中，以实箭线表示工作，实箭线的水平投影长度表示该工作的持续时间；以虚箭线表示虚工作，由于虚工作的持续时间为零，故虚箭线只能垂直画；以波形线表示工作与其紧后工作的时间间隔。

时标网络计划既具有网络计划的优点，又具有横道图计划直观易懂的优点，能将网络计划的时间参数直观地表达出来。

（二）时标网络计划的绘图方法

时标网络计划有两种绘图方法：先算后绘（间接绘制法）、直接绘制法。下面以间接绘制法介绍时标网络计划的绘制步骤。

时标计划一般作为网络计划的输出计划，可以根据时间按参数的计算结果将网络计划在时间坐标中表达出来，根据时间参数的不同，分为早时标网络和迟时标网络。因早时标用得比较多，这里只介绍早时标网络的绘制方法。

1. 先绘制无时标网络图，采用图上计算法计算每项工作或路径的时间按参数及计算工期，找出关键工作及关键线路。

2. 按计算工期的要求绘制时标网络计划。

3. 基本按原计划的布局将关键线路上的节点及关键工作标注在时标网络计划上。

4. 将其他各节点按节点的最早开始时间定位在时标网络计划上。

5. 从开始节点开始，用实箭线并按持续时间要求绘制各项非关键工作，用虚箭线绘制无时差的虚工作（垂直工作）。如果实箭线或垂直的虚箭线不能将非关键工作或虚工作的开始节点与结束节点衔接起来，对非关键工作用波形线在实箭线后进行衔接，对虚工作用波形线在垂直虚箭线后或两垂直虚箭线之间进行衔接。关键工作的波形线的长度即其自由时差。

四、单代号搭接网络计划

（一）基本概念

在上述双代号、单代号网络图中，工作之间的逻辑关系都是一种衔接关系，即只有当其紧前工作全部完成之后，本工作才能开始。但在工程建设实践中，有许多工作的开始并不以其紧前工作的完成为条件。只要其紧前工作开始一段时间后，即可进行本工作，而不需要等其紧前工作全部完成之后再开始。工作之间的这种关系被称为搭接关系。

如果用上述简单的网络图来表示工作之间的搭接关系，将使网络计划变得更加复杂。为了简单、直接地表达工作之间的搭接关系，使网络计划的编制得到简化，便出现了搭接网络计划。搭接网络计划一般都采用单代号网络图的表示方法，即以节点表示工作，以节点之间的箭线表示工作之间的逻辑顺序和搭接关系。

（二）搭接关系

在搭接网络计划中，工作之间的搭接关系是由相邻两项工作之间的不同时距决定的。所谓时距，是在搭接网络计划中相邻两项工作之间的时间差值。单代号搭接网络图的搭接关系主要有以下五种形式：

1. FTS

即结束—开始（Finish To Start）关系。例如，在修堤坝时，一定要等土堤自然沉降后才能修护坡，筑土堤与修护坡之间的时间就是 FTS 时距。

当 FTS 时距为零时，就说明本工作与其紧后工作之间紧密衔接。当网络计划中所有相邻工作只有 FTS 一种搭接关系且时距为零时，整个搭接网络计划就称为前述的单代号网络计划。

2. STS

即开始—开始（Start To Start）关系。例如，在道路工程中，当路基铺设工作开始一段时间为路面浇筑工程创造一定条件之后，路面浇筑工作即可开始，路基铺设工作与路面浇筑工作在开始时间上的差值就是 STS 时距。

3. FTF

即结束—结束（Finish To Finish）关系。例如，在前述道路工程中，如果路基铺设工作的进展速度小于路面浇筑工程的进展速度时，须考虑为路面浇筑工程留有充分的工作面；否则，路面浇筑工作将因没有工作面而无法进行。即铺设工作与路面浇筑工作在完成时间上的差值就是 FTF 时距。

4. STF

即开始—结束（Start To Finish）关系。

5. 混合时距

例如，两项工作之间 STS 与 FTF 同时存在。

（三）单代号搭接网络计划时间参数计算

单代号搭接网络计划时间参数计算同样包括最早时间的计算、最迟时间的计算和时差的计算。计算单点与双代号网络计划时间参数的计算类似。但是由于各工作之间搭接关系的缘故，单代号搭接网络计划时间参数的计算要复杂一些。

第三节　PERT 网络计划技术

一、PERT 网络计划技术的基本概念

CPM（关键线路法）网络计划是对网络计划中各项工作的持续时间可以由一个肯定的时间确定，在此基础上计算的网络计划的技术工期也是一个肯定值，所以 CPM 网络计划是肯定型网络计划。鉴于有些工程项目的工作持续时间不能或很难以一个肯定的时间确定，而是以一个具有某种概率分布的持续时间来描述。例如，承担一项新开发的项目，或者承包一项过去没有做过的工程，缺少或不具备完成这个项目的充分资料和经验，就不可能确定对这个项目各项工作的肯定的持续时间。因此，就出现了 PERT（Program Evaluation and Review Technique，计划评审技术）网络计划。

PERT 最早是由美国海军在计划和控制北极星导弹的研制时发展起来的。PERT 技术使原先估计的研制北极星潜艇的时间缩短了两年。简单地说，PERT 是利用网络分析制订计划以及对计划予以评价的技术。它能协调整个计划的各道工序，合理安排人力、物力、时间、资金，加速计划的完成。在现代计划的编制和分析手段上，PERT 被广泛使用，是现代化管理的重要手段和方法。

PERT 网络是一种类似流程图的箭线图。它描绘出项目包含的各种活动的先后次序，标明每项活动的时间或相关的成本。对于 PERT 网络，项目管理者必须考虑要做哪些工作，确定时间之间的依赖关系，辨认出潜在的可能出问题的环节，借助 PERT 还可以方便地比较不同行动方案在进度和成本方面的效果。

构造 PERT 图，需要明确三个概念：事件、活动和关键路线。

（一）事件（Events）表示主要活动结束的那一点。

（二）活动（Activities）表示从一个事件到另一个事件之间的过程。

（三）关键路线（Critical Path）是 PERT 网络中花费时间最长的事件和活动的序列。

二、PERT 的基本要求

（一）完成既定计划所需要的各项任务必须全部以足够清楚的形式表现在由事件与活动构成的网络中。事件代表特定计划在特定时刻完成的进度。活动表示从一个事件进展到下一个事件所必需的时间和资源。应当注意的是，事件和活动的规定必须足够精确，以免在监视计划实施进度时发生困难。

（二）事件和活动在网络中必须按照一组逻辑法则排序，以便把重要的关键路线确定出来。这些法则包括后面的事件在其前面的事件全部完成之前不能认为已经完成，不允许出现"循环"，就是说，后继事件不可有导回前一事件的活动联系。

（三）网络中每项活动可以有三个估计时间。就是说，由最熟悉有关活动的人员估算出完成每项任务所需要的最乐观的、最可能的和最悲观的三个时间。用这三个时间估算值来反映活动的"不确定性"，在研制计划中和非重复性计划中引用三个时间估算是鉴于许多任务所具有的随机性质。

（四）需要计算关键路线和宽裕时间。关键路线是网络中期望时间最长的活动与事件序列。宽裕时间是完成任一特定路线所要求的总的期望时间与关键路线所要求的总的期望时间之差。这样，对于任一事件来说，宽裕时间就能反映存在于整个网络计划中的多余时间的长短。

三、PERT 的计算特点

PERT 首先是建立在网络计划基础之上的，其次是工程项目中各个工序的工作时间不确定，过去通常对这种计划只是估计一个时间，到底完成任务的把握有多大，决策者心中无数，工作处于被动状态。在工程实践中，由于人们对事物的认识受到客观条件的制约，通常在 PERT 中引入概率计算方法，由于组成网络计划的各项工作可变因素多，不具备一定的时间消耗统计资料，因而不能确定出一个肯定的单一的时间值。

四、PERT 网络分析法的工作步骤

开发一个 PERT 网络要求管理者确定完成项目所需的所有关键活动，按照活动之间的依赖关系排列它们之间的先后次序，以及估计完成每项活动的时间。这些工作可以归纳为五个步骤：

（一）确定完成项目必须进行的每一项有意义的活动，完成每项活动都产生事件或结果。

（二）确定活动完成的先后次序。

（三）绘制活动流程从起点到终点的图形，明确表示出每项活动及与其他活动的关系，用圆圈表示事件，用箭线表示活动，结果得到一幅箭线流程图，我们称之为 PERT 网络。

（四）估计和计算每项活动的完成时间。

（五）借助包含活动时间估计的网络图，管理者能够制订出包括每项活动开始和结束

日期的全部项目的日程计划。在关键路线上没有松弛时间，沿关键路线的任何延迟都直接延迟整个项目的完成期限。

五、PERT 网络技术的作用

（一）标示出项目的关键路径，以明确项目活动的重点，便于优化对项目活动的资源分配。

（二）当管理者想计划缩短项目完成时间，节省成本时，就要把考虑的重点放在关键路径上。

（三）在资源分配发生矛盾时，可适当调动非关键路径上活动的资源去支持关键路径上的活动，以最有效地保证项目的完成进度。

（四）采用 PERT 网络分析法所获结果的质量很大程度上取决于事先对活动事件的预测，若能对各项活动的先后次序和完成时间都能有较为准确的预测，则通过 PERT 网络的分析法可大大缩短项目完成的时间。

六、PERT 网络分析法的优点和局限性

（一）时间网络分析法的优点

1. 是一种有效的事前控制方法。

2. 通过对进行时间网络分析可以使各级主管人员熟悉整个工作过程并明确自己负责的项目在整个工作过程中的位置和作用，增强全局观念和对计划的接受程度。

3. 通过时间网络分析使主管人员更加明确其工作重点，将注意力集中在可能需要采取纠正措施的关键问题上，使控制工作更加富有成效。

4. 是一种计划优化方法。

（二）时间网络分析法的局限性

时间网络分析法并不适用于所有的计划和控制项目，其应用领域具有较严格的限制。适用 PERT 法的项目必须同时具备以下条件：事前能够对项目的工作过程进行较准确的描述；整个工作过程有条件划分为相对独立的各个活动；能够在事前较准确地估计各个活动所需的时间、资源。

第四节　进度偏差分析及调整方法

一、施工项目进度比较方法

施工项目进度比较分析与计划调整是施工项目进度控制的主要环节，其中施工项目进度比较是调整的基础。常用的比较方法有以下几种：

（一）横道图比较法

用横道图编制施工进度计划，指导施工的实施已是人们常用的、很熟悉的方法。它简明形象、直观，编制方法简单，使用方便。

横道图记录比较法，是把在项目施工中检查实际进度收集的信息，经整理后直接用横道线与原计划的横道线并列标示，进行直观比较的方法。

通过记录与比较，为进度控制者提供了实际施工进度与计划进度之间的偏差，为采取调整措施提供了明确的任务。这是人们施工中进行施工项目进度控制经常用的一种最简单、熟悉的方法。但是它仅适用于施工中的各项工作都是按均匀的速度进行，即是每项工作在单位时间里完成的任务量都是各自相等的。

完成任务量可以用实物工程量、劳动消耗量和工作量三种物理量表示，为了比较方便，一般用它们实际完成量的累计百分比与计划的应完成量的累计百分比进行比较。

值得指出：由于工作的施工速度是变化的，因此横道图中的进度横线，不管是计划的还是实际的，都只表示工作的开始时间、持续天数和完成的时间，并不表示计划完成量和实际完成量，这两个量分别通过标注在横道线上方及下方的累计百分比数量表示。实际进度的涂黑粗线是从实际工程的开始日期画起，若工作实际施工间断，亦可在图中将涂黑粗线作相应的空白。横道图记录比较法具有以下优点：记录比较方法简单，形象直观，容易掌握，应用方便，被广泛应用于简单的进度监测工作中。但是，由于它以横道图进度计划为基础，因此，带有不可克服的局限性，如各工作之间的逻辑关系不明显，关键工作和关键线路无法确定，一旦某些工作进度出现偏差时，难以预测其对后续工作和整个工期的影响及确定调整方法。

项目施工中各项工作的速度不一定相同，进度控制要求和提供的进度信息也不同，可以采用以下几种方法：

1. 匀速施工横道图比较法

匀速施工是指施工项目中，每项工作的施工进展速度都是匀速的，即在单位时间内完成的任务量都是相等的，累计完成的任务量与时间成直线变化。

比较方法的步骤为：①编制横道图进度计划。②在进度计划上标出检查日期。③将检查收集的实际进度数据，按比例用涂黑的粗线标于计划进度线的下方。④比较分析实际进度与计划进度。a. 涂黑的粗线右端与检查日期相重合，表明实际进度与施工计划进度相一致；b. 涂黑的粗线右端在检查日期左侧，表明实际进度拖后；c. 涂黑的粗线右端在检查日期的右侧，表明实际进度超前。

必须指出：该方法只适用于工作从开始到完成的整个过程中，其施工速度是不变的，累计完成的任务量与时间成正比。若工作的施工速度是变化的，则这种方法不能进行工作的实际进度与计划进度之间的比较。

2. 双比例单侧横道图比较法

匀速施工横道图比较法，只适用于施工进展速度是不变的情况下的施工实际进度与计划进度之间的比较。当工作在不同的单位时间里的进展速度不同时，累计完成的任务量与时间的关系不是呈直线变化的。按匀速施工横道图比较法绘制的实际进度涂黑粗线，不能反映实际进度与计划进度完成任务量的比较情况。这种情况的进度比较可以采用双比例单侧横道图比较法。

比较方法的步骤：①编制横道图进度计划。②在横道线上方标出工作主要时间的计划完成任务累计百分比。③在计划横道线的下方标出工作的相应日期实际完成的任务累计百分比。④用涂黑粗线标出实际进度线，并从开工日标起，同时反映出施工过程中工作的连续与间断情况。⑤对照横道线上方计划完成累计量与同时间的下方实际完成累计量，比较出实际进度与计划进度。a. 当同一时刻上下两个累计百分比相等，表明实际进度与计划进度一致；b. 当同一时刻上面的累计百分比大于下面的累计百分比表明该时刻实际施工进度拖后，拖后的量为二者之差；c. 当同一时刻上面的累计百分比小于下面累计百分比表明该时刻实际施工进度超前，超前的量为二者之差。

这种比较法不仅适合于施工速度是变化情况下的进度比较，同时除找出检查日期进度比较情况外，还能提供某一指定时间二者比较情况的信息。当然要求实施部门按规定的时间记录当时的完成情况。

3. 双比例双侧横道图比较法

双比例双侧横道图比较法，也是适用于工作进度按变速进展的情况，工作实际进度与计划进度进行比较的一种方法。它是双比例单侧横道图比较法的改进和发展，它是将表示工作实际进度的涂黑粗线，按着检查的期间和完成的累计百分比交替地绘制在计划横道线上下两面，其长度表示该时间内完成的任务量。工作的实际完成累计百分比标于横道线的下面的检查日期处，通过两个上下相对的百分比相比较，判断该工作的实际进度与计划进度之间的关系。这种比较方法从各阶段的涂黑粗线的长度看出各期间实际完成的任务量及本期间的实际进度与计划进度之间的关系。

（二）S形曲线比较法

S形曲线比较法与横道图比较法不同，它不是在编制的横道图进度计划上进行实际进度与计划进度比较。它以横坐标表示进度时间，纵坐标表示累计完成任务量，绘制出一条按计划时间累计完成任务量的S形曲线，是将施工项目的各检查时间实际完成的任务量与S形曲线进行实际进度与计划进度相比较的一种方法。

对整个施工项目的施工全过程而言，一般是开始和结尾阶段的单位时间投入的资源量较少，中间阶段单位时间投入的资源量较多，与其相关的单位时间完成的任务量也是呈同样变化的，而随时间进展累计完成的任务量，则应该呈S形变化。

1. S形曲线绘制

S形曲线的绘制步骤如下：

（1）确定工程进展速度曲线在实际工程中计划进度曲线，很难找到定性分析的连续曲线，但可以根据每单位时间内完成的实物工程量或投入的劳动力与费用，计算出计划单位时间的量值，则仍为离散型的。

（2）计算规定时间 j 计划累计完成的任务量，其计算方法等于各单位时间完成的任务量累加求和。某时间 j 计划累计完成的任务量，单位时间 j 的计划完成的任务量，某规定计划时刻。

（3）按各规定时间的 Q_j 值，绘制S形曲线。

2. S形曲线比较

S形曲线比较法，同横道图一样，是在图上直观地进行施工项目实际进度与计划进度比较。一般情况下，计划进度控制人员在计划实施前绘制出S形曲线。在项目施工过程中，按规定时间将检查的实际完成情况与计划S形曲线绘制在同一张图上，可得出实际进度S形曲线。

（三）"香蕉"形曲线比较法

1. "香蕉"形曲线的绘制

（1）"香蕉"形曲线是两条S形曲线组合成的闭合曲线

从S形曲线比较法中得知，按某一时间开始的施工项目的进度计划，其计划实施过程中进行时间与累计完成任务量的关系都可以用一条S形曲线表示。对于一个施工项目的网络计划，在理论上总是分为最早和最迟两种开始与完成时间的。因此，一般来说，任何一个施工项目的网络计划，都可以绘制出两条曲线。其一是计划以各项工作的最早开始时间安排进度而绘制的S形曲线，称为ES曲线；其二是计划以各项工作的最迟开始时间安排进度，而绘制的S形曲线，称为LS曲线。两条S形曲线都是从计划的开始时刻开始和完成时刻结束，因此两条曲线是闭合的。一般情况，其余时刻ES曲线上的各点均落在LS曲线相应点的左侧，形成一个形如"香蕉"的曲线，故此称为"香蕉"形曲线。

在项目的实施中进度控制的理想状况是任一时刻按实际进度描绘的点，应落在该"香蕉"形曲线的区域内。

（2）"香蕉"形曲线比较法的作用

①进行进度的合理安排；②进行施工实际进度与计划进度比较；③确定在检查状态下，后期工程的ES曲线和LS曲线的发展趋势。

2. "香蕉"形曲线的作图方法

"香蕉"形曲线的作图方法与S形曲线的作图方法基本一致，所不同之处在于它是分别以工作的最早开始时间和最迟开始时间而绘制的两条S形曲线的结合。

在项目实施过程中，按同样的方法，将每次检查的各项工作实际完成的任务量代入上述各相应公式，计算出不同时间实际完成任务量的百分比，并在"香蕉"形曲线的平面内给出实际进度曲线，便可以进行实际进度与计划进度的比较。

（四）前锋线比较法

施工项目的进度计划用时标网络计划表达时，还可以采用实际进度前锋线进行实际进度与计划进度比较。

前锋线比较法是从计划检查时间的坐标点出发，用点画线依次连接各项工作的实际进度点，最后到计划检查时间的坐标点为止，形成前锋线。按前锋线与工作箭线交点的位置判定施工实际进度与计划进度偏差。简言之：前锋线法是通过施工项目实际进度前锋线，判定施工实际进度与计划进度偏差的方法。

（五）列表比较法

当采用无时间坐标网络计划时也可以采用列表分析法。即是记录检查时正在进行的工作名称和已进行的天数，然后列表计算有关参数，根据原有总时差和尚有总时差判断实际进度与计划进度的比较方法。

列表比较法步骤：①计算检查时正在进行的工作；②计算工作最迟完成的时间；③计

算工作时差；④填表分析工作实际进度与计划进度的偏差。

可能有以下几种情况：①若工作尚有总时与原有总时相等，则说明该工作的实际进度与计划进度一致；②若工作尚有总时差小于原有总时差，但仍为正值，则说明该工作的实际进度比计划进度拖后，产生偏差值为二者之差，但不影响总工期；③若尚有总时差为负值，则说明对总工期有影响，应当调整。

二、施工项目进度计划的调整

（一）分析进度偏差的影响

通过前述的进度比较方法，当判断出现进度偏差时，应当分析该偏差对后续工作和对总工期的影响。

1. 分析进度偏差的工作是否为关键工作

若出现偏差的工作为关键工作，则无论偏差大小，都对后续工作及总工期产生影响，必须采取相应的调整措施；若出现偏差的工作不为关键工作，需要根据偏差值与总时差和自由时差的大小关系，确定对后续工作和总工期的影响程度。

2. 分析进度偏差是否大于总时差

若工作的进度偏差大于该工作的总时差，说明此偏差必将影响后续工作和总工期，必须采取相应的调整措施；若工作的进度偏差小于或等于该工作的总时差，说明此偏差对总工期无影响，但它对后续工作的影响程度，需要根据比较偏差与自由时差的情况来确定。

3. 分析进度偏差是否大于自由时差

若工作的进度偏差大于该工作的自由时差，说明此偏差对后续工作产生影响，应该如何调整，应根据后续工作允许影响的程度而定；若工作的进度偏差小于或等于该工作的自由时差，则说明此偏差对后续工作无影响，因此，原进度计划可以不做调整。

经过如此分析，进度控制人员可以确认应该调整产生进度偏差的工作和调整偏差值的大小，以便确定调整措施，获得新的符合实际进度情况和计划目标的新进度计划。

（二）施工项目进度计划的调整方法

在分析实施的进度计划的基础上，应确定调整原计划的方法，一般主要有以下两种：

1. 改变某些工作间的逻辑关系

若检查的实际施工进度产生的偏差影响了总工期，在工作之间的逻辑关系允许改变的条件下，可改变关键线路和超过计划工期的非关键线路上的有关工作之间的逻辑关系，达到缩短工期的目的。用这种方法调整的效果是很显著的，例如，把依次进行有关工作改变为平行的或互相搭接的以及分成几个施工段进行流水施工的等，都可以达到缩短工期的目的。

2. 缩短某些工作的持续时间

这种方法是不改变工作之间的逻辑关系，而是缩短某些工作的持续时间，使施工进度加快，并保证实现计划工期的方法。这些被压缩持续时间的工作是位于由于实际施工进度的拖延而引起总工期增长的关键线路和某些非关键线路上的工作。同时，这些工作又是可压缩持续时间的工作。这种方法实际上就是网络计划优化中的工期优化方法和工期与成本优化的方法。

第五节　施工总进度计划的编制

施工总进度计划是施工现场各项施工活动在时间上的体现。编制施工总进度计划就是根据施工部署中的施工方案和工程项目的开展程序，对全工地的所有工程项目做出时间上的安排。其作用在于确定各个施工项目及其主要工种工程、准备工作和全工地性工程的施工期限及其开工和竣工的日期，从而确定建筑施工现场劳动力、材料、成品、半成品、施工机械的需要数量和调配情况，以及现场临时设施的数量、水电供应数量和能源、交通的需要数量等等。因此，正确地编制施工总进度计划是保证各项目以及整个建设工程按期交付使用，充分发挥投资效益，降低建筑工程成本的重要条件。编制施工总进度计划的基本要求是：保证拟建工程在规定的期限内完成；迅速发挥投资效益；保证施工的连续性和均衡性；节约施工费用。根据施工部署中建设工程分期分批投产顺序，将每个交工系统的各项工程分别列出，在控制的期限内进行各项工程的具体安排；如建设项目的规模不太大，各交工系统工程项目不很多时，亦可不按分期分批投产顺序安排而是直接安排总进度计划。

施工总进度计划编制的步骤如下：

一、列出工程项目一览表并计算工程

施工总进度计划主要起控制总工期的作用，因此项目划分不宜过细。通常按照分期分批投产顺序和工程开展程序列出，并突出每个交工系统中的主要工程项目，一些附属项目及小型工程、临时设施可以合并列出工程项目一览表。在工程项目一览表的基础上，按工程的开展顺序，以单位工程计算主要实物工程量。此时计算工程量的目的是为了选择施工方案和主要的施工、运输机械；初步规划主要施工过程的流水施工；估算各项目的完成时间；计算劳动力和技术物资的需要量。因此，工程量只须粗略地计算即可。计算工程量，可按初步（或扩大初步）设计图纸并根据各种定额手册进行计算。常用的定额、资料有以下几种：

（一）1 万元、10 万元投资工程量、劳动力及材料消耗扩大指标

这种定额规定了某一种结构类型建筑，每万元或十万元投资中劳动力、主要材料等的消耗数量。根据设计图纸中的结构类型，即可估算出拟建工程各分项需要的劳动力和主要材料的消耗数量。

（二）概算指标或扩大结构定额

这两种定额都是预算定额的进一步扩大。概算指标是以建筑物每 100m³ 体积为单位；扩大结构定额则以每 100m² 建筑面积为单位。查定额时，首先查找与本建筑物结构类型、跨度、高度相类似的部分，然后查出这种建筑物按定额单位所需要的劳动力和各项主要材料的消耗量，从而推算出拟计算建筑物所需要的劳动力和材料的消耗数量。

（三）标准设计或已建房屋、构筑物的资料

在缺少上述几种定额手册的情况下，可采用标准设计或已建成的类似工程实际所消耗的劳动力及材料加以类比，按比例估算。但是，由于和拟建工程完全相同的已建工程是极为少见的，因此在采用已建工程资料时，一般都要进行折算、调整。除房屋外，还必须计算主要的全工地性工程的工程量，如场地平整、铁路及道路和地下管线的长度等，这些可以根据建筑总平面图来计算。将按上述方法计算出的工程量填入统一的工程量汇总表中。

二、确定各单位工程的施工期限

建筑物的施工期限，由于各施工单位的施工技术与管理水平、机械化程度、劳动力和材料供应情况等不同，而有很大差别。因此应根据各施工单位的具体条件，并考虑施工项目的建筑结构类型、体积大小和现场地形工程与水文地质、施工条件等因素加以确定。此外，也可参考有关的工期定额来确定各单位工程的施工期限。工期定额（或指标）是根据我国各部门多年来的施工经验，经统计分析对比后制定的。

三、确定各单位工程的开竣工时间和相互搭接关系

在施工部署中已经确定了总的施工期限、施工程序和各系统的控制期限及搭接时间，

但对每一个单位工程的开竣工时间尚未具体确定。通过对各主要建筑物或构筑物的工期进行分析，确定了每个建筑物或构筑物的施工期限后，就可以进一步安排各建筑物或构筑物的搭接施工时间。通常应考虑以下各主要因素：

（一）保证重点，兼顾一般

在安排进度时，要分清主次，抓住重点，同时期进行的项目不宜过多，以免分散有限的人力、物力。主要工程项目指工程量大、工期长、质量要求高、施工难度大，对其他工程施工影响大、对整个建设项目的顺利完成起关键性作用的工程子项目。这些项目在各系统的控制期限内应优先安排。

（二）满足连续、均衡的施工要求

在安排施工进度时，应尽量使各工种施工人员、施工机械在全工地内连续施工，同时尽量使劳动力、施工机具和物资消耗量在全工地上达到均衡，避免出现突出的高峰和低谷，以利于劳动力的调度、原材料供应和临时设施的充分利用。为满足这种要求，应考虑在工程项目之间组织大流水施工，即在相同结构特征的建筑物或主要工种工程之间组织流水施工，从而实现人力、材料和施工机械的综合平衡。另外，为实现连续均衡施工，还要留出一些后备项目，如宿舍、附属或辅助车间、临时设施等，作为调节项目，穿插在主要项目的流水中。

（三）满足生产工艺要求

工业企业的生产工艺系统是串联各个建筑物的主动脉。要根据工艺所确定的分期分批建设方案，合理安排各个建筑物的施工顺序，使土建施工、设备安装和试生产实现"一条龙"，以缩短建设周期，尽快发挥投资效益。

（四）认真考虑施工总进度计划对施工总平面空间布置的影响

工业企业建设项目的建筑总平面设计，应在满足有关规范要求的前提下，使各建筑物的布置尽量紧凑，这可以节省占地面积，缩短场内各种道路、管线的长度，但同时由于建筑物密集，也会导致施工场地狭小，使场内运输、材料构件堆放、设备组装和施工机械布置等产生困难。为减少这方面的困难，除采取一定的技术措施外，对相邻各建筑物的开工时间和施工顺序予以调整，以避免或减少相互影响，也是重要措施之一。

（五）全面考虑各种条件限制

在确定各建筑物施工顺序时，还应考虑各种客观条件的限制。如施工企业的施工力量，各种原材料、机械设备的供应情况，设计单位提供图纸的时间、各年度建设投资数量等，对各项建筑物的开工时间和先后顺序予以调整。同时，由于建筑施工受季节、环境影响较大，因此，经常会对某些项目的施工时间提出具体要求，从而对施工的时间和顺序安排产生影响。

四、安排施工进度

施工总进度计划可以用横道图表达，也可以用网络图表达。由于施工总进度计划只是起控制作用，因此不必搞得过细。当用横道图表达总进度计划时，项目的排列可按施工总体方案所确定的工程展开程序排列。横道图上应表达出各施工项目的开竣工时间及其施工持续时间。

五、总进度计划的调整与修正

施工总进度计划表绘制完后，将同一时期各项工程的工作量加在一起，用一定的比例画在施工总进度计划的底部，即可得出建设项目资源需要量动态曲线。若曲线上存在较大的高峰或低谷，则表明在该时间里各种资源的需求量变化较大，需要调整一些单位工程的施工速度或开竣工时间，以便消除高峰或低谷，使各个时期的资源需求量尽量达到均衡。

各单位在实施过程中，工程施工进度应随着施工的进展及时做必要的调整；对于跨年度的建设项目，还应根据年度国家基本建设投资或业主投资情况，对施工进度计划予以调整。

第六节　PDCA 进度计划的实施与检查

一、施工项目进度计划的实施

施工项目进度计划的实施就是施工活动的进展，也就是用施工进度计划指导施工的活动、落实和完成。施工项目进度计划逐步实施的进程就是施工项目建造的逐步完成过程。为了保证施工项目进度计划的实施，并且尽量按编制的计划时间逐步进行，保证各进度目标的实现，应做好如下工作：

（一）施工项目进度计划的贯彻

1. 检查各层次的计划，形成严密的计划保证系统

施工项目的所有施工进度计划：施工总进度计划、单位工程施工进度计划、分部分项

工程施工进度计划，都是围绕一个总任务而编制的。它们之间的关系是高层次的计划为低层次计划的依据，低层次计划是高层次计划的具体化。在其贯彻执行时应当首先检查是否协调一致，计划目标是否层层分解，互相衔接，组成一个计划实施的保证体系，以施工任务书的方式下达施工队以保证实施。

2. 层层签订承包合同或下达施工任务书

施工项目经理、施工队和作业班组之间分别签订承包合同，按计划目标明确规定合同工期、相互承担的经济责任、权限和利益，或者采用下达施工任务书，将作业下达到施工班组，明确具体施工任务、技术措施、质量要求等内容，使施工班组必须保证按作业计划时间完成规定的任务。

3. 计划全面交底，发动群众实施计划

施工进度计划的实施是全体工作人员的共同行动，要使有关人员都明确各项计划的目标、任务、实施方案和措施，使管理层和作业层协调一致，必须将计划变成群众的自觉行动，充分发动群众，发挥群众的干劲和创造精神。

（二）施工项目进度计划的实施

1. 编制月（旬）作业计划

为了实施施工进度计划，将规定的任务结合现场施工条件，如施工场地的情况、劳动力机械等资源条件和施工的实际进度，在施工开始前和过程中不断地编制本月（旬）的作业计划，这使施工计划更具体、切合实际和可行。在月（旬）计划中要明确：本月（旬）应完成的任务，所需要的各种资源量，提高劳动生产率和降低生产成本。

2. 签发施工任务书

编制好月（旬）作业计划以后，将每项具体任务通过签发施工任务书的方式使其进一步落实。施工任务书是向班组下达任务，实行责任承包、全面管理和原始记录的综合性文件。施工班组必须保证指令任务的完成。它是计划和实施的纽带。

3. 做好施工进度记录，填好施工进度统计表

在计划任务完成的过程中，各级施工进度计划的执行者都要跟踪做好施工记录，记载计划中每项工作的开始日期、工作进度和完成日期。为施工项目进度检查分析提供信息，因此要求实事求是记载，并填好有关图表。

4. 做好施工中的调度工作

施工中的调度是组织施工中各阶段、环节、专业和工种的互相配合，进度协调的指挥

核心。调度工作是使施工进度计划实施顺利进行的重要手段。其主要任务是掌握计划实施情况，协调各方面关系，采取措施，排除各种矛盾，加强各薄弱环节，实现动态平衡，保证完成作业计划和实现进度目标。

二、施工项目进度计划的检查

在施工项目的实施进程中，为了进行进度控制，进度控制人员应经常地、定期地跟踪检查施工实际进度情况，主要是收集施工项目进度材料，进行统计整理和对比分析，确定实际进度与计划进度之间的关系。其主要工作包括：

（一）跟踪检查施工实际进度

跟踪检查施工实际进度是项目施工进度控制的关键措施。其目的是收集实际施工进度的有关数据。跟踪检查的时间和收集数据的质量，直接影响控制工作的质量和效果。一般检查的时间间隔与施工项目的类型、规模、施工条件和对进度执行要求程度有关。通常可以确定每月、半月、旬或周进行一次。若在施工中遇到天气、资源供应等不利因素的严重影响，检查的时间间隔可临时缩短，次数应频繁，甚至可以每日进行检查，或派人员驻现场督阵。检查和收集资料的方式一般采用进度报表方式或定期召开进度工作汇报会。为了保证汇报资料的准确性，进度控制的工作人员要经常到现场察看施工项目的实际进度情况，从而保证经常地、定期准确地掌握施工项目的实际进度。

（二）整理统计检查数据

收集到的施工项目实际进度数据要进行必要的整理，按计划控制的工作项目进行统计，以相同的量纲和形象进度，形成与计划进度具有可比性的数据。一般可以按实物工程量、工作量和劳动消耗量以及累计百分比整理和统计实际检查的数据，以便与相应的计划完成量相对比。

（三）对比实际进度与计划进度

将收集的资料整理和统计成具有与计划进度可比性的数据后，用施工项目实际进度与计划进度的比较方法进行比较。通常用的比较方法有横道图比较法、S形曲线比较法和"香蕉"形曲线比较法、前锋线比较法和列表比较法等。通过比较得出实际进度与计划进度相一致、超前、拖后三种情况。

（四）施工项目进度检查结果的处理

施工项目进度检查的结果，按照检查报告制度的规定形成进度控制报告，向有关主管人员和部门汇报。进度控制报告是把检查比较的结果、有关施工进度现状和发展趋势提供给项目经理及各级业务职能负责人的最简单的书面形式报告。进度控制报告是根据报告的对象不同，确定不同的编制范围和内容而分别编写的。一般分为项目概要级进度控制报告、项目管理级进度控制报告和业务管理级进度控制报告。

项目概要级的进度报告是报给项目经理、企业经理或业务部门以及建设单位或业主的。它是以整个施工项目为对象说明进度计划执行情况的报告。项目管理级的进度报告是报给项目经理及企业的业务部门的。它是以单位工程或项目分区为对象说明进度计划执行情况的报告。业务管理级的进度报告是就某个重点部位或重点问题为对象编写的报告，供项目管理者及各业务部门为其采取应急措施而使用。

进度报告由计划负责人或进度管理人员与其他项目管理人员协作编写。报告时间一般与进度检查时间相协调，也可按月、旬、周编写上报。进度控制报告的内容主要包括：项目实施概况、管理概况、进度概要；项目施工进度、形象进度及简要说明；施工图纸提供进度；材料、物资、构配件供应进度；劳务记录及预测；日历计划；对建设单位、业主和施工者的变更指令等。

第一节 建设工程质量监督管理

一、工程质量监督管理的内涵

工程质量管理，在采取各种质量措施的保障下，通过一定的手段，把勘察设计、原材料供应、构配件加工、施工工艺、施工设备、机械及检验仪表、机具等可能的质量影响因素、环节和部门，予以组织、控制和协调。这样的组织、控制和协调工作，就是工程（产品）质量管理工作。

质量监督是一种政府行为，通过政府委托的具有可信性的质量监督机构，在质量法律法规和强制性技术标准的有力支撑下，对提供的服务质量、产品质量、工程质量及企业承诺质量实施监督的行为。

质量监督管理是对质量监督活动的计划、组织、指挥、调节和监督的总称，是全面、全过程、全员参与的质量管理。全面管理是对业主、监理单位、勘察单位、设计单位、施工单位、供货商等工程项目参与各方的全面质量管理；全过程管理是从项目产生开始，从项目策划与决策的过程开始，至工程回访维修服务过程等为止的项目全寿命周期的管理；全员参与质量管理是在组织内部每个部门每个岗位都明确相应的质量职能和质量责任，将质量总目标逐级分解，形成自下而上的质量目标保证体系。

质量监督就是对在具体工作获得的大量数据进行整理分析，形成质量监督检查结果通知书、质量监督检查报告、质量等级评定报告等材料，反馈给相关决策部门，以便对发现的质量缺陷或者质量事故进行及时处理。根据法律赋予的职责权限，对违法行为对象给予行政或经济处罚，严重者送交司法部门处理。监督是工作过程，是保证工程质量水平的有效途径，监督的直接目的是查找质量影响因素，最终目的是实现工程项目的质量目标。

二、工程质量监督管理体制构成

工程质量监督体系是指建设工程中各参加主体和管理主体对工程质量的监督控制的组织实施方式。体系可以分为三个层次，政府质量监督在这个体系的最上层；业主及代表业主进行项目管理的监理或其他项目管理咨询公司的质量管理体系属于第二层次；其他工程建设参与方包括施工、设计、材料设备供应商等自身的质量监督控制体系属于第三层次。工程质量政府监督的内容包含对其他两个层次的监督，是最重要的质量监督层次。

我国实行的是政府总体监督、社会第三方监理、企业内部自控三者结合的工程质量监督体系。工程质量监督管理体系的有效运转是工程项目质量不断提高的重要保证。

三、我国建设工程质量监督管理沿革

新中国成立以来，工程项目质量监管工作随着我国经济社会的改革发展，不断转变监督机构职能，调整监督内容、监督手段等，强化自身建设，完成了从无到有，从单一到多元，不断探索、逐步完善的发展历程。

（一）施工企业内部自我管理的阶段

从 1949 年新中国成立，到 20 世纪 50 年代，即我国第一个五年计划时期，当时我国正处于高度的计划经济时期，实行的是单一的施工单位内部质量检查管理制度。实行的是政府指令式运行模式，政府发出建设指令并拨付资金，下属单位接受施工任务指令进行施工。预算造价制度尚未建立，工程资金建设材料都按照实际情况拨付。工程项目参建各方是行政指令的执行者，只具有执行命令的义务，当时的工程建设属于政府行政管理的模式，各部门各自为政并没有形成统一的质量标准。新中国成立初期的工程技术水平有限，专业意识不高，建设单位绝大部分是非专业部门，主要领导负责人也是非建设专业人员，工程质量取决于施工单位自身的质量控制，政府对工程项目参与各方实行单项行政管理。此时，国家虽然已经具有初步的质量意识，但统一规范的工程质量评定标准尚未形成，仍然延续着施工企业集施工与质量检查于一身的模式，进度仍然超越质量是政府与施工单位最重视的方面，使工程质量检查工作不能有效地展开。

（二）双方相互制约的阶段

1958 年—1962 年，我国第二个五年计划期间，随着工程项目逐渐增多，施工企业内部的管理机制不能有效约束工程质量，当工期与质量相矛盾时，多强调工期而放弃对质量的要求。1963 年颁发了《建筑安装工程监督工作条例》，明确要求企业实行内部质量自检制度。同时，我国逐渐形成建设单位负责隐蔽工程等重点部位，施工企业负责一般部位质量检查的联手控制质量又相互约束的质量监督管理局面，标志着我国进入第二份建设单位质量检查验收制度，即建设单位检查验收制度的阶段。

（三）建设工程质量监督制度形成

20 世纪 80 年代以来，我国进入改革开放的新时期，经济体制逐渐转轨，工程建设的商品属性强化了建设参与者之间的经济关系，建设领域的工程建设活动发生了一系列重大变化，投资开始有偿使用，投资主体开始出现多元化；建设项目实行招标承包制；施工单位摆脱了行政附属地位，向相对独立的商品生产者转变；工程建设者之间的经济关系得到强化，追求自身利益的矛盾日益突出。这种格局的出现，使得原有的工程建设管理体制由于各方建设主体经济利益的冲突越来越不适应发展的要求，已经无法保证基本建设新高潮的质量控制需要。工程建设单位缺乏强有力的监督机制，工程质量隐患严重，单一的施工单位内部质量检查制度与建设单位质量验收制度，无法保证基本建设新高潮的质量控制需要。

《关于试行〈建设工程质量管理条例〉的通知》和《关于改革建筑业和基本建设管理体制若干问题的暂行规定》两个文件的颁布实施，标志着我国正在为适应商品经济对建设工程质量管理的需要，改变我国工程质量监督管理体制存在的严重缺陷，决定改革工程质量监督办法，我国建设工程质量管理开始进入政府第三方监督阶段。

我国建立了政府第三方监督制度，完成了向专业技术质量监督的转变，使我国的工程项目质量监督又提升了一个新的台阶。

（四）社会监督制度加入阶段

在建设工程上，由建设单位委托具有专业技术专家的监理公司按国际合同惯例委派监理工程师，代表建设方进行现场综合监督管理，对工程建设的设计与施工方的质量行为及其效果进行监控、督导和评价；并采取相应的强制管理措施，保证建设行为符合国家法律、法规和有关标难。1988 年 7 月，建设部成立了建设监理司，同年 11 月，建设部发出了《关于开展建设监理工作的通知》，开始推行建设监理试点工作。从 1996 年起，开始在全国范围内，全面推行建设监理制度，从此，建设监理制在中国建设领域开始探索和逐步发展起来。

1997 年，《建筑法》颁布，明确规定强制推行建设工程监理制度《工程建设监理单位资质管理试行办法》《工程建设监理取费有关规定》《工程建设监理合同文本》《监理工程师资格考试和注册试行办法》《工程建设监理规定》及各地方主管部门的建设工程监理实施细则等法律法规在这个时期也先后出台。在短时间内明确规定了建设工程监理的组织构架、行为准则、监理与建筑领域其他主体间的权责利、义务执行程序等细节内容，初步构建了符合我国国情的建设监理制度。

社会监理制度的建立，标志着我国工程建设质量监督体制开始走向更完善的政府监督和社会监理相结合阶段。

2000 年，《建设工程质量管理条例》明确了在市场经济条件下，政府对建设工程质量监督管理的基本原则，确定了施工许可证、设计施工图审查和竣工验收备案制；2008 年 5 月，住房和城乡建设部、国家工商行政管理局联合发布《建设工程监理合同示范文本（征求意见稿）》，进一步使政府监督实现了从微观监督到宏观监督、从直接监督到间接监督、从实体监督到行为监督、从质量核验制到备案制的四个转变。

第二节 水利工程项目质量监督管理

一、水利工程项目特点分析

水利工程是具有很强综合性的系统工程。水利工程，因水而生，是为开发利用水资源、消除防治水灾害而修建的工程。为达到有效控制水流，防止洪涝灾害，有效调节分配水资源，满足人民生产生活对水资源需求的目的，水利工程项目通常是由同一流域内或者同一行政区域内多个不同类型单项水利工程有机组合而形成的系统工程，单项工程同时须承担多个功能，涉及坝、堤、溢洪道、水闸、进水口等多种水工建筑物类型。例如，为缓解中国北方地区尤其是黄淮海地区水资源严重短缺，通过跨流域调度水资源的南水北调战略工程。

水利工程一般投资数额巨大，工期长，工程效益对国民经济影响深远，往往是国家政策、战略思想的体现，多由中央政府直接出资或者由中央出资，省、市、县分级配套。

工作条件复杂，自然因素影响大。水利工程的建设受气象、水文、地质等自然环境因素影响巨大，如汛期对工程进度的影响。

水利工程实行分级管理。水利部：部署重点工程的组织协调建设，指导参与省属重点大中型工程、中央参与投资的地方大中型工程建设的项目管理；流域管理机构：负责组织建设和管理以水利部投资为主的水利工程建设项目，除少数由水利部直接管理外的特别重大项目的其余项目；省（自治区、直辖市）水行政主管部门：负责本地区以地方投资为主的大中型水利工程建设项目的组织建设和管理。

二、水利工程项目不同阶段质量监督管理

（一）施工前的质量监督管理

办理工程项目有关质量监督手续时，项目法人应提交详细完备的有关材料，经过质检人员的审查核准后，方可办理。包括：①工程项目建设审批文件；②项目法人与监理、设计、施工等单位签订的合同（或协议）副本；③建设、监理、设计、施工等单位的概况和各单位工程质量管理组织情况等材料。质监人员对相关材料进行审核，准确无误后，方可办理质量监督手续，签订《水利工程质量监督书》。工程项目质量监督手续办理及质量监督书的签订代表着水利工程项目质量监督期的开始。质量监督机构根据工程规模可设立质量监督项目站，常驻建设现场，代表水利工程质量监督机构对工程项目质量进行监督管理，开展相关工作。项目站人员的数量和专业构成，由受监项目的工作量和专业需要进行配备。一般不少于3人。项目站站长对项目站的工作全面负责，监督员对站长负责。项目站组成人员应持有水利工程质量监督员证，并符合岗位对职称、工作经历等方面的要求。对不设项目站的工程项目，指定专职质监员，负责该工程项目的质量监督管理工作。对一般性工作以抽查、巡查为主要工作方式，对重要隐蔽工程、工程的关键部位等进行重点监督；对发现的质量缺陷、质量问题等，及时通知项目法人、监理单位，限期进行整改，并要求反馈整改情况；对发现的违反技术规范和标准的不当行为，应及时通知项目法人和监理单位，限期纠正，并反馈纠正落实情况；对发现的重大质量问题，除通知项目法人和监理单位外，还应根据质量事故的严重级别，及时上报。项目站以监督检查结果通知书、质量监督报告、质量监督简报的形式，将工作成果向有关单位通报上报。

项目站成立后，按照上级监督站（中心站）的有关要求，制定本站的有关规章制度，形成书面文件报请上级主管单位审核备案。主要包括：质量监督管理制度、质检人员岗位责任制度、质量监督检查工作制度、会议制度、办公规章制度、档案管理制度等。

为规范质监行为，有针对性地开展工作，项目站根据已签订的质量监督书，制定质量监督实施细则，广泛征求各参建单位意见后报送上级监督站审核。获得批准后，向各参建单位印发，方便监督工作开展。

（二）施工阶段的质量监督管理

工程开工后到主体工程施工前，质量监督管理的主要工作内容是对项目法人申报的工程项目划分进行审核确认。工程项目划分又称质量评定项目划分，是由项目法人组织设计、施工单位共同研究制订的项目划分方案，将工程项目划分单位工程、分部工程，并确

定单元工程的划分原则。项目划分在项目质量监督管理中占有重要地位，其结果不仅是组织进行法人验收和政府验收的依据，也是对工程项目质量进行评定的基本依据。

主体工程施工初期，质量监督管理的工作重点对项目法人申报的建筑物外观质量评定标准进行审核确认。建筑物外观质量评定标准是验收阶段进行工程施工质量等级评定的依据。

在主体工程施工过程中，主要监督项目法人质量管理体系、监理单位质量控制体系、施工单位质量保证体系、设计单位现场服务体系及其他责任主体的质量管控体系的运行落实情况。着重监督检查项目法人对监理、施工、设计等单位质量行为的监督检查情况，同时，对工程实物质量和质量评定工作不定期进行抽查，详细对监督检查的结果进行记录登记，形成监督检查结果通知书，以书面形式通知各单位；项目站还要定期汇总监督检查结果并向派出机构汇报；对发现的质量问题，除以书面形式通知有关单位以外，还应向工程建设管理部门通报，督促问题解决。

工程实体质量的监督抽查，尤其是隐蔽工程、工程关键部位、原材料、中间产品质量检测情况的监督抽查，作为项目质量监督管理的重中之重，贯穿整个施工阶段。对已完工程施工质量的等级评定既是对已完工程实体质量的评定，也是对参建各方已完成工作水平的评定。工程质量评定的监督工作是阶段性的总结，能够及时发现施工过程中的各种不利影响因素，便于及时采取措施，对质量缺陷和违规行为进行纠正整改，能够使工程质量长期保持平稳。

（三）验收阶段的质量监督管理

验收是对工程质量是否符合技术标准达到设计文件要求的最终确认，是工程产品能否交付使用的重要程序。水利工程建设项目验收按验收主持单位性质不同分为法人验收和政府验收。在项目建设过程中，由项目法人组织进行的验收称为法人验收，法人验收是政府验收的基础。法人验收包括分部工程验收、单位工程验收。政府验收是由人民政府、水行政主管部门或其他有关部门组织进行的验收，包括专项验收、阶段验收和竣工验收。根据水利工程分级管理原则，各级水行政主管部门负责职责范围内的水利工程建设项目验收的监督管理工作。法人验收监督管理机关对项目的法人验收工作实施监督管理。监督管理机关根据项目法人的组建单位确定。

在工程项目验收时，工程质量按照施工单位自评、监理单位复核、监督单位核定的程序进行最终评定。按照工程项目的划分，单元工程、分部工程、单位工程、阶段工程验收，每一环节都是下一步骤的重要条件，至少经过三次检查才能核定质量评定结果，层层检查，层层监督，检测单位作为独立机构提供检测报告作为最后质量评定结果的有力佐证。施工、监理、工程项目监督站，分别代表不同利益群体的质量评定程序，是对工程质量最公平有效的保障。

在工程验收工作中，通过对工程项目质量等级（分部工程验收、单位工程验收）、工程外观质量评定结论（单位工程验收）、验收质量结论（分部工程验收、单位工程验收）的核备，向验收工作委员提交工程质量评价意见（阶段验收），工程质量监督报告（竣工验收）的形式，对工程质量各责任主体的质量行为进行监督管理，掌握工程实体质量情况，确保工程项目满足设计文件要求达到规定水平。

三、水利工程项目质量监管影响因素

（一）人的因素

1. 领导人的因素

领导者是具有决策权力的人，其整体素质是提高工作质量和工程质量的关键。地方政府领导人对当地政府发展重点的倾斜，会造成当地政策的倾斜，干预当地财政、编制等部门对设立质量监督机构、落实质量监督费的决定方向，直接影响质量监督管理工作的有效开展。水行政主管部门领导人的因素。水行政主管部门是水利工程项目的建设管理部门，也是水利工程项目法人的组建单位。水行政主管部门领导人对工程项目管理起决定性作用。决定工程项目的法人组成，干预甚至控制项目法人决策，影响项目法人管理制度、质量管理体系的正常运行，以及对监理、施工、设计、检测等单位的管理活动的正常开展。

2. 项目法人组成人员的因素

水利工程项目按照分级管理原则，由相应级别的地方政府或者水行政主管部门负责组建项目法人。在项目法人组建过程中，项目主管部门为了凸显对项目的重视程度，往往任命一些部门负责人担任项目法人组成人员，虽然在级别重视上很充分，但在项目法人组织的运行过程中，部门领导身兼多职，或者同时负责多个项目，无法做到专职负责。另外，项目法人组成人员在政府机关任职，不可避免会受到其上级领导的行政干预，使得项目法人的决策受到项目建设管理部门或者地方政府的干扰，无法正确行使项目法人职权，甚至被上级部门所"俘获"，完全听命于部门指令，违背了组建项目法人的初衷。

3. 作业人员的因素

质监人员的因素。没有独立的质量监督机构，没有固定充足的质量监督经费，就不能建立一支高素质的质监队伍。质监人员的专业素质、职业素质得不到保证，在职继续教育培训缺少组织单位，教育培训制度得不到贯彻落实，质监活动的开展得不到有效约束。再完善的质量监督管理体系，缺失有力的执行者，也只能是纸上谈兵。由于政府、水行政主管部门、质量监督机构负责人、项目法人等领导人的质量管理意识的缺乏，质量责任得不到落实，质量责任体系不能正常运行，质量监督管理工作无法有效开展。另外，监理人员、施工人员、设计人员、检测人员的因素也不可忽视。

（二）技术因素

1. 设计文件水平

项目决策和设计阶段缺乏有效的质量监控措施，项目水平、设计水平得不到保证。施工技术水平与建筑工程相比还存在一定差距。由于中小型水利工程施工难度不大，水工建筑物结构比较简单，大多数中小型水利工程对施工技术水平的要求并不高。水利工程施工队伍的技术水平参差不齐，特级、一级施工企业的施工质量基本能够得到保证，其他企业的施工质量还有待提高。

2. 质量监督机构的技术力量

质量监督费的落实问题，限制了质量监督机构的硬件建设，日常办公设备，进行现场检查的交通工具、收集整理信息资料的技术措施要求无法满足。

3. 检测单位的技术力量

水利工程检测行业还在逐步发展中，落后于建筑检测水平。检测力量的不足影响了第三方数据的准确可靠。我国水利行业隶属农业体系，属于弱势部门，虽然近几年国家在政策上较为重视，但在各省、市的财政支持力度并没有较大改善，水利行业整体发育不良，管理水平、技术水平与我的经济能力水平存在较大差距。

（三）管理因素

国家法律规定水利工程实行分级管理制度，但在具体实施过程中，除已有规定外，投资规模也成为划分水利工程项目管理归属的一项重要指标。造成工程项目管理混乱，属地管理与流域管理互相矛盾，争夺权力，推诿责任，不利于水利工程项目的管理实施。

项目法人责任制落实不到位。根据水利工程类别，项目法人由相应地方人民政府或其委托的水行政主管部门负责组建，任命法定代表人。项目法人是项目建设的责任主体，对项目建设的工程质量负总责，并对项目主管部门负责。项目法人组建不规范、人员结构不合理、组织不健全、制度不完善等问题，不仅影响自身质量行为的水平，以及与监理单位的合同履行情况，对其他责任主体履行质量责任也会产生不良影响。

第三节　水利工程项目质量监督管理政策与建议

一、水利工程质量监督管理的发展方向

（一）健全水利工程质量监管法规体系

我国对水利工程质量实行强制性监督，建立健全的法律体系是开展质量监督管理活动的有力武器，是建筑市场机制有序运行的基本保证。

完善质量管理法律体系，制定配套实施条例。统一工程质量管理依据，改变建设、水利、交通等多头管理，各自为政，将水利工程明确纳入建设工程范畴。制定出台建设工程质量管理法律，将质量管理上升到法律层面。

尽快更新现行法律法规体系。随着政府职能调整，行政审批许可的规范，原有法律法规体系对质量监督费征收、开工许可审批、初步设计审批权限等行政审批事项已被废止，虽然水利部及时发文对相关事项进行补充说明，但并未对相关法规进行修订，造成法规体系的混乱，干扰了市场的正常秩序。

加大对保障法律执行的有关制度建设，细化罚则要求。为促使各责任主体积极主动地执行质量管理规定，应制定相应的奖惩机制，制定保障执法行为的有关制度。在法治社会，失去强有力的质量法律法规体系的支撑，质量监督管理就会显得有气无力，对违法违规行为不能做出有力的处罚，不能有效地震慑违法行为主体。执行保障法律体系一旦缺失，质量监督管理就会沦为纸上谈兵。制定度量明确的处罚准则，树立质量法律威信，才能真正做到有法可依，有法必依，执法必严。对信用体系建设中出现的失信行为，也应从法律角度加大处罚力度，强化对有关法律法规的自觉遵守意识。

注重国际接轨。我国在制定本国质量监督管理有关法律规定时，应充分考虑国际通用法规条例，国际体系认证的标准规则，提升与国际接轨程度，有利于提高我国建设工程质量水平，也为增强我国建设市场企业的国际竞争力提供有利条件。

（二）完善水利工程质量监督机构

转变政府职能，将政府从繁重的工程实体质量监督任务中解脱出来。政府负责制定工程质量监督管理的法律依据，建立质量监督管理体系，确定工程建设市场发展方向，在宏观上对水利工程质量进行监督。工程质量监督机构是受政府委托从事质量监督管理工作，属于政府的延伸职能，属于行政执法，这就决定了工程质量监督机构的性质只能是行政机

关。在我国事业单位不具有行政执法主体资格，所以需要通过完善法律，给予水利工程质量监督机构正式明确独立的地位。质量监督机构确立为行政机关后，经费由国家税收提供，不再面临因经费短缺造成质量监督工作难以开展的局面。工程质量监督机构负责对工程质量进行监督管理，水行政主管部门对工程建设项目进行管理，监督与管理分离，职能不再交叉，有利于政府政令畅通，效能提升。工程质量监督机构接受政府的委托，以市场准入制度、企业经营资质管理制度、执业资格注册制度、持证上岗制度为手段，规范责任主体质量行为，维护建设市场的正常秩序，消除水利工程质量人和技术的不确定因素，达到保证水利工程质量水平的目的。工程质量监督机构还应加强自身质量责任体系建设，落实质量责任，明确岗位职责，确保机构正常运转。

（三）强化对监督机构的考核，严格上岗制度

质量监督机构以年度为单位，制定年度工作任务目标，并报送政府审核备案。在年度考核中，以该年度任务目标作为质量监督机构职责履行、目标完成情况年终考核依据。制定考核激励奖惩机制，促进质量监督机构职责履行水平、质量监督工作开展水平不断提高。质量监督机构的质监人员严格按照公务员考录制度，通过公开考录的形式加入质监人员队伍，质监人员的专业素质，可以在公务员招考时加试专业知识考试，保证新招录人员的专业水平。新进人员上岗前，除参加公务员新录用人员初任资格培训外，还应通过质监岗位培训考试，获得质监员证书后才能上岗。若在一年试用期内，新进人员无法获得质监岗位证书，可视为该人员不具有公务员初任资格，不予以公务员注册。公务员公开、透明的招考方式，是引进高素质人才的有效方式。质监员可采用分级设置、定期培训、定期复核的制度。根据业务工作需要，组织质监人员学习建设工程质量监督管理有关的法律、法规、规程、规范、标准等，并分批、分层次对其进行业务培训。质监人员是否有效地实施质量执法监督，是否可以科学统筹发挥质监人员的作用，是建设工程质量政府监督市场能否高效运行的关键。分级设置质监员既能对质监员本身起到激励作用，又能对质量责任意识起到强化作用。

（四）改进质量监督管理经费方式

自 2009 年 1 月 1 日起，水利工程质量监督机构不再向受监项目收取项目质量监督费，开展质量监督工作所需经费改为政府财政划拨，从根本上解决了质量监督机构和监督对象间的经济往来关系和由此可能带来的监督不公正后果。但是，由于各地市财政能力水平有较大差距，质量监督管理经费不能足额按时到位的现象普遍存在，虽然每年编制监督经费预算，但由于财政能力有限等原因，从未批准核发。尤其是近年来，国家重点开展小型农

田水利工程项目建设，工程项目质量监督管理任务通常由县级水利质量监督机构承担。不可否认，农田水利工程建设任务越繁重的地区，往往政府财政能力越差，质量监督机构所需经费反而越多。所以，水利工程质量监督经费由财政划拨的方法虽然保证了质量监督机构的公正，但也带来了监督经费严重短缺的问题。对此可以借鉴德国工程质量审查监督费的收取模式，工程质量监督经费在工程建设投资中列支，在工程投资下达时，由财政部门按比例计提，按照工程建设进度向质量监督机构划拨。同时，对工程资金使用审计制度进行补充，通过工程审计的形式，监督财政部门将该费用按时足量划拨到位。

二、水利工程项目质量监督的建议与措施

（一）工程项目全过程的质量监督管理

强调项目前期监管工作，严格立项审批。水利工程项目应突出可研报告审查，制定相关审查制度，确保工程立项科学合理，符合当地水利工程区域规划。水利工程项目的质量监督工作应从项目决策阶段开始。分级建立水利工程项目储备制度，各级水行政主管部门在国家政策的导向作用下，根据本地水利特点，地方政府财政能力和水利工程规划，上报一定数量的储备项目。储备项目除了规模、投资等方面符合储备项目要求外，可研报告必须已经通过上级主管部门审批。水利部或省级水行政主管部门定期会同有关部门对项目储备库中的项目进行筛选评审。将通过评审的项目作为政策支持内容，未通过储备项目评审的项目发回工程项目建设管理单位，对可研报告进行完善补充。做好可行性研究为项目决策提供全面的依据，减少决策的盲目性，是保证工程投资效益的重要环节。

全过程对质量责任主体行为的监督。项目质监人员在开展工作时，往往会进入对制度体系检查的误区。在完成对参建企业资质经营范围、人员执业资格注册情况及各主体质量管理体系制度的建立情况后，就误以为此项检查已经完成，得出存在即满分的结论。在施工阶段，质监人员把注意力完全放在了对实体质量的关注上，忽视了对上述因素的监控。全过程质量监督，不仅是对项目实体质量形成过程的全过程监督，也是对形成过程责任主体行为的全过程监督，在施工前完成相应制度体系的建立检查，企业资质、人员执业资格是否符合一致检查后，在施工阶段应着重对各责任主体质量管理、质量控制、质量服务等体系制度的运行情况、运行结果进行监督评价，对企业、人员的具体工作能力与所具有的资质资格文件进行衡量，通过监督责任主体行为水准，保证工程项目的质量水平。

（二）加大项目管理咨询公司培育力度

水利工程建设项目实行项目法人责任制，是工程建设项目管理的需要，也是保证工程

建设项目质量水平的前提条件。在我国，水利工程的建设方是各级人民政府和水行政主管部门，由行政部门组建项目法人充当市场角色，阻碍了市场机制的有效发挥，对建设市场的健康发展，水利工程质量的监督管理都起到不利作用。水利部多项规章制度对项目法人的组建、法人代表的标准要求、项目法人机构的设置等都进行了明确规定。但在工程项目建设中，由于政府的行政特性，项目法人并不能对工程项目质量负全责。

政府（建设方）应通过招标投标的方式，选择符合要求的专业项目管理咨询公司。授权委托项目管理咨询公司组建项目法人，代替建设方履行项目法人职责，对监理、设计、施工等责任主体进行质量监督。由专业项目咨询公司组建项目法人，按照委托合同履行规定的职责义务，与施工、设计单位不存在隶属关系，能更好地发挥项目法人的职责，发挥项目法人质量全面管理的作用。

工程项目管理咨询公司是按照委托合同，代表业主方提供项目管理服务的；监理单位与工程项目管理咨询公司在本质上都属于代替业主提供项目管理服务的社会第三方机构。但是监理只提供工程质量方面的项目管理服务，工程项目管理咨询公司是可以完全代替业主行使项目法人权利的专业咨询公司。市场机制调控，公司本身的专业性，对项目法人的管理水平都有极大的促进作用。

国家应该对监理公司、项目咨询管理公司等提供管理咨询服务的企业进行政策扶持，可以通过制定鼓励性政策，鼓励水利工程项目法人必须同项目管理咨询公司签订协议，由专业项目管理咨询公司提供管理服务，并给予政策或经济鼓励，在评选优质工程时，也可作为一项优先条件。

（三）加大推进第三方检测力度

第三方检测是指实施质量检测活动的机构与建设、监理、施工、勘察设计等单位不存在从属关系。检测单位应具有水利部或省级水行政主管部门认可的检测资质。检测资质共有五个类别，分别是岩土工程、混凝土工程、金属结构、机械电气和量测。现行水利工程质量检测制度是在验收阶段进行的质量检测活动，是在施工方自检、监理方抽检基础上进行的，虽然也属于第三方检测范畴，但是检测的对象是已完工的工程项目，对工程质量等级的评定不能起到监督作用，具有局限性。在施工过程中，施工单位的自检、监理单位的抽检通常都由其内部的质量检测部门完成。检测单位和委托单位具有隶属关系，结果的准确性、可信度得不到保障，检测结果获得其他单位认同程度较低。第三方检测是受项目法人（或项目管理公司）的委托，依据委托合同和质量规范标准对工程质量进行独立、公正检测的，只对委托人负责，检测结果准确性、可信程度更高。对工程原材料、半成品的检测，由第三方检测机构依据施工进度计划或施工方告知的时间到施工现场进行取样，制作试验模块，减少了中间环节，改变了以往施工单位提供样本，检测单位只负责检测的模式，检测单位的结论也相应地由"对来样负责"改为对整个工程项目质量负责，强化了检测机构的质量责任意识。质量检测结果更加准确、公正，时效性更强。在目前检测企业实力有限的形势下，检测结果的质量可信性和权威性有待提高。可以允许交叉检测，施工质量检测和验收质量检测由不同的检测机构进行交叉检测，分别形成检测结果，以确保检测结果真实可靠。推行第三方检测模式，遵循公正、公开、公平的原则，维护质量检测数据的科学性和真实性，确保工程质量。

（四）建立完善的社会信用体系

水利工程建设领域标志着水利工程建立全国统一的、全面的信用体系，制定信用等级评定标准，强化法律对失信行为的监督和制裁效力，有利于维护建设市场政策秩序，规范责任各方质量行为。不良行为的记录应该包括责任主体的不良行为和工程项目质量的不良记录。通过的工程质量和工作质量的记录在案并公开。通过对监理、设计、施工、检测等企业在工程质量形成过程中的行为记录，与工程质量监督过程记录或者工程项目质量检查通知书联系起来，对企业的不良行为进行记录，并通过信用体系平台，在一定范围内进行公开。制定维护信用的法规。守信受益，失信受制，通过利益驱动，在信用体系上建立的社会保证、利益制约、相互规范的监督制衡机制，强化了自我约束与自我监督的力度，有效地保证了参与工程各方的正当权益。

（五）修订开工备案制度

取消开工审批，实行开工备案制度；是国家为精简行政审批事项做出的决定，强化了项目法人的自主选择权。水利工程项目实行开工备案制度，项目法人自工程开工15日内到项目主管部门及其上级主管单位进行备案，以便监管。在备案过程中，如果发现工程项目不符合开工要求的，将予以相应处罚。属于事后纠正的措施，在开工已经实施的情况下，介入监督，发现违规情况，再采取纠正措施。若工程项目符合规定，则工程项目可以正常实施；若工程项目不符合相关规定，属于项目法人强行开工，则质量安全隐患已经形成，质量事故随时都有可能发生，不利于工程项目质量的管理监督。可以将"自项目开工15日内"，修订为"项目开工前15日内"办理开工备案手续，对备案手续办理时限进行明确，如"接到开工备案申请后的5个工作日内办理完成"，项目法人的自主决定权可以得到保障，同时对工程项目的质量管理监督也是一种加强，尽早发现隐患，确保工程项目顺利实施。

（六）严格从业组织资质和从业个人资格管理

对从业组织资质和从业个人执业资格的管理，是对工程项目质量技术保障的一种强化。严格的等级管理制度，限制了组织和个人只能在对应的范围内开展经营活动和执业活动，对工作成果和工作行为的质量是一种保障，也有效约束了企业的经营行为和个人的执业活动。对企业和个人也是一种激励，只有获得更高等级的资质和资格，经营范围和执业范围才会更广泛，有竞争更大型工程的条件，才有可能获得更大利益。制定严格的等级管理制度，对从业以来无不良记录的企业和个人给予证明，在竞争活动中比其他具有同等资质的竞争对手具有优势；同时，对违反规定，发生越级、在规定范围外承接业务的行为、挂靠企业资质和个人执业资格的行为进行行政和经济两方面的处罚。等级不但可以晋升也可以降级。加大对企业年审和执业资格注册复审的力度。改变以往只在晋级或者初始注册时严审，开始经营活动和执业活动后管理松懈的状况。按照企业发展趋势，个人执业能力水平提升趋势，制定有效的年审和复审制度标准，对达不到年审标准和复审标准的企业与个人予以降级或暂缓晋级的处罚。改变以往的定期审核制度，将静态审核改为动态管理，全面管理企业和个人的执业行为。加大审核力度不能只依赖对企业或个人提供资料的审核力度，应结合信用体系记录，企业业绩、个人成绩的综合审核，综合评价。强化责任意识，利用行政、经济两种有效手段进行管理，促进企业、个人的自觉遵守意识，促进市场秩序的建立和市场作用的有效发挥。

三、应对方法

（一）进一步深化和完善农村水利改革

首先，要对如今的小规模水利项目的产权体系革新活动中存在的新问题，积极分析探讨，尽快制定一个规范化的指导意见，以推动小型农田水利工程产权制度改革健康深入发展。其次，要以构建和完善农民用水户协会内部管理机制为重点，以行政区域或水利工程为单元，通过对基层水利队伍的改组、改造、改革和完善，推动农民用水户协会的不断建立和发展，加快大中小型灌区管理体制改革步伐。最后，要不断深化农村水利改革。当前，农村出现了劳动力大量外出打工、水利工程占地农民要求补偿、群众要求水利政务公开等一系列新情况、新问题，迫切需要我们加强政策研究和制度建设，通过不断深化农村水利改革，培养典型，示范带动，逐步解决农村水利发展过程中出现的热点、难点问题。

（二）强化投入力度

导致项目得不到有效的维护，效益降低的关键原因是投入太少。农村的基建活动和城市的基建工作都应该被同等对待。开展不合理的话不但会干扰农村建设工作的步伐，还会干扰和谐社会的创建工作。通过分析当前的具体状态，我们得知，政府在城市基建项目中的投入，还是超过了对农村的投入，存在非常显著的过分关注城市忽略农村的问题。各级政府必须把包括小型农田水利工程在内的农村基础设施纳入国民经济与社会发展规划，加大投入。对农村水利基础设施来讲，当务之急是在稳定提高大中型灌区续建配套与节水改造及人饮安全资金的同时，尽快扩大中央小型农田水利工程建设专项资金规模，以引导和带动地方各级财政和受益农户的投入，加快小型农田水利设施建设步伐。

（三）　加快农田水利立法

从根本上改变小型农田水利设施建设管理薄弱问题。目前，涉水方面的法律法规不少，但针对农田水利工程建设管理的还没有。尽快制定出台一部关于农田水利方面的法规条例，通过健全法律制度，明确各级政府、社会组织、广大群众的责任，建立保障农田水利建设管理的投入机制，建立与社会主义市场经济要求相适应的管理体制和运行机制，依法建设、管理和使用农田水利工程设施，已成为当务之急。

（四）　加强基层水利工程管理单位自身能力的建设

基层水利工程管理单位自身能力的建设是农村水利工作的重要内容。今后的农村水利建设要改变过去只注重工程建设而忽视自身建设的做法，工程建设与基层水管单位自身能力建设要同时审批、同时建设、同时验收。要进一步调整农村水利资金支出结构，允许部分资金用于包括管理手段、信息网络、办公条件等在内的管理单位自身能力建设，以不断提高基层水管单位服务经济、社会的能力和水平。

（五）　建立完善的宣传发动机制

水利建设的任务重，涉及面较广，尤其是在当前的社会环境下，要把水利建设的气氛营造起来，那么首先要搞好会议的宣传工作，并可通过会议，让领导干部了解在农业税取消之后，乡镇干部的责任和工作重点。尤其是让广大农民群众与村组干部明白与了解，在新形势下，水利建设仍然是自己的事。同时，可通过会议督导与调度，对乡镇加强领导、加强进度，以促进平衡发展。

（六）　积极探索和谐自主的建设管理模式

农田水利工程的建设施工和管理方面包括很多内容，也直接关系老百姓的经济利益。因此，我们要加强对农田水利工程施工和管理体系的建设，对水利工程进行统一管理，建立一个合理的、科学的施工程序和规范，并在施工工程中落实好，使得水利工程建设管理体系能够充分发挥作用。将水业合作组织模式应用于更为广泛的农村公益型水利基础设施的建设和管理中，将原有集体资产与农民投工投劳为主形成的小型水利设施按照市场化手段来评估资产，明晰产权，将公益性水利设施资产定量化、股份化，并鼓励受益农户资本入股，参照股份制模式来管理和运作。实行自主管理的模式。村民通过民主方式组建互助合作的用水组织——农村水业合作社。主要职责是全面负责合作社辖区内水利工程的运行、管理和供水调度，同时负责向用水户供水并按时收取水费和提供咨询服务。农户是小规模的水利项目的直接受益人，同时还是相关的管控工作者，设置水利合作机构，通过股份的形式来开展建设工作，切实地激发出农户的热情。农村水业合作社为"自主经营、自负盈亏、具有独立法人"的股份合作制企业，按照股份合作制方式制定章程，由股东大会民主选举产生管理委员会，下设管理人员，每年改选一次。在股份设立上，将上级有关部门补助的作为集体股，社员按每户投入及投工折现作为社员股。

水利工程项目的质量关系到人民群众的生命财产安全，事关国计民生，并与社会稳定、国家安全紧密相关。水利工程项目质量监督管理的有序运行，一是实现水利工程项目质量目标、投资目标的重要前提。但现阶段的水利工程项目质量监管模式和体系还不完善，基层监管机构的合法地位尚未明确，因此，质量监督作用得不到充分发挥。从健全质量监督依据的角度出发，建议完善质量管理法律体系，制定保障有关质量法律执行的相关制度，更新现行的质量法律法规。从完善质量监督管理体制的角度出发，提出了转变政府角色，将政府从繁重的工程实体质量监督任务中解脱出来，建立质量监督管理体系，建议给予水利系统质量监督管理机构合法地位，调整经费取得方式，明确人员编制，使质量监督机构名副其实。同时，加大对质量监督机构的考核力度，严格持证上岗制度，建立高素质的水利质监队伍，提高工作效能。从实行全面质量管理思想的角度出发，提出了应强调项目前期监管工作，分级建立水利工程项目储备制度，严格立项审批。将质量监督管理工作的重点由施工阶段扩展到从项目的决策阶段。另外，从落实项目法人制的角度，提出了国家应加大对项目管理咨询公司等提供管理咨询服务企业的培育力度，消除现阶段水利工程项目法人具有的政府行政特性，更好地发挥项目法人的职责，发挥项目法人质量全面管理的作用。

第五章　水资源配置与规划

第一节　水资源配置与规划的基本概念

水资源规划是水利部门的重点工作内容之一，对水资源的开发利用起着重要的指导作用。水资源合理配置则是水资源规划的重要基础工作。对区域水资源进行合理配置和科学规划，可以有效地促进区域水资源的合理利用，保障经济社会的可持续发展。

一、水资源价值

（一）水资源价值及其内涵

现实的残酷以及对可持续发展的追求迫使人类对传统的水资源观点进行批判和反思，并开始认识到水资源本身也具有价值，在使用水资源进行生产活动的过程中必须考虑水资源自身的成本——水资源价值。

水资源自身所具备的两个基本属性是其价值来源的核心，即水资源的有用性和稀缺性。水资源的有用性属于水资源的自然属性，是指对于人类生产和生活的环境来讲，水资源所具有的生产功能、生活功能、环境功能以及景观功能等，这些功能是由水资源的本身特征及其在自然界所处的地位和作用所决定的，不会因为社会外部条件的改变而发生变化或消失。水资源的稀缺性也可以理解为水资源的经济属性，它是在水资源成为稀缺性资源以后才出现的，即当水资源不再是取之不尽的资源后，由于水资源的稀缺性而迫使人类必须从更经济的角度来考虑水资源的开发利用，在经济活动中考虑到水资源的成本问题。水资源价值正是其自然属性和经济属性共同作用的结果。对于一种资源而言，如果其自然属性决定其各种功能效果极小，甚至有可能会对自然或社会造成负面影响，则无论该种资源稀缺程度多严重，其价值也必然很小。同样，对于某一具有正面功能的资源，如水资源等，其稀缺程度越大，则价值越大。

1. 水具有生命维持价值

水是人类赖以生存的源泉。由于得不到基本的供水服务，水系传染病目前仍是世界上感染率最高的疾病。联合国提出将解决供水的问题作为重要的人权问题来考虑。水所具有的维持人类生命的价值已远远超过了它的商品经济价值。

2. 水的社会价值

水资源与社会发展具有密不可分的关系。人们生活的地球因为有丰富的水资源才孕育了人类，人类文明的发祥地都离不开江河等重要的水资源。肥沃的农田离不开充足的灌溉用水条件，工业的发展在很大程度上取决于水的供应条件。在当今世界上，工业化国家要么是依靠得天独厚的丰富水资源条件得到迅猛发展，要么是利用高科技很好地解决了水资源问题而得到发展，而发展中国家大都存在亟待解决的水资源不足问题。这些都是水资源的重要社会价值的例证。

3. 水的环境与生态价值

20世纪90年代以来，水资源和生态环境的相关性研究开始受到全世界的关注。世界资源保护联盟针对21世纪全球性的水资源与生态环境问题进行了多方面的研究，提出了环境水流的概念。所谓环境水流，是指河流、湿地、海湾这样的水域中，赖以维持其生态系统以及抵御各种用水竞争的流量。环境水流是保障河流功能健全，进而提供发展经济、消除贫穷的基本条件。从长远的观点来看，环境水流的破坏将对一个流域产生灾难性的后果，其原因就在于流域基本环境生态条件的丧失。然而，强调保障环境水流往往意味着减少其他方面的用水量，这对不少国家或流域是一个困难的决策，但世界资源保护联盟一再呼吁各国从可持续发展的角度出发，充分重视保障流域环境水流。

环境水流既包括天然生态系统维系自身发展而需要的环境生态用水，也包括人类为了最大限度地改变天然生态系统，保护物种多样性和生态整合性而提供的环境生态用水。专家们提出了生态需水量和绿水的概念，提醒人们注意生态系统对水资源的需求，水资源的供给不仅要满足人类的需求，而且生态系统对水资源的需求也必须得到保证。

4. 水的经济价值

从水本身来说，很难衡量它的固有价值，正是由于这个原因，人们有可能认为水资源是取之不尽、用之不竭的天然物质，而忽视它的经济价值。然而，由于水资源在人类文明社会的发展和环境保护中占据中心位置，整个社会为水资源的开发、利用以及保护所付出的经济代价是巨大的。

（二）水资源价值的经济特性

水资源具有比较显著的经济特性，这可从水资源的自然属性、物理属性、化学属性、社会属性、环境属性、资源属性等各个方面反映出来，也是从经济角度考评和研讨水资源的理论支点。水资源的经济特性主要表现在以下几个方面。

1. 稀缺性

作为自然资源之一的水资源，其第一大经济特性就是稀缺性。经济学认为稀缺性是指相对于消费需求来说可供数量有限的意思，理论上可以分成两类：经济稀缺性和物质稀缺性。假如水资源的绝对数量很多，可以在相当长的时间内满足人类的需要，但由于获取水资源需要投入生产成本，而且在投入一定数量的生产成本的条件下可以获取的水资源是有限的，供不应求，这种情况下的稀缺性就称为经济稀缺性。假如水资源的绝对数量短缺，不足以满足人类相当长时期的需要，这种情况下的稀缺性就称为物质稀缺性。当今世界，水资源既有物质稀缺性，又有经济稀缺性；既有可供水量不足，又存在缺乏大量的开发资金的现实。正是因为水资源供求矛盾日益突出，人们才逐渐重视水资源的稀缺性问题。

经济稀缺性和物质稀缺性是可以相互转化的。缺水区自身的水资源绝对数量不足以满足人们的需要，因而当地的水资源具有严格意义上的物质稀缺性。但是，如果通过调水、海水淡化、节水、循环使用等方式增加缺水区水资源使用量，水资源似乎又只具有经济稀缺性，只是所需要的生产成本相当高而已。丰水区由于水资源污染浪费严重，加之治理不当，使可供水量满足不了用水需求，也会成为水资源经济稀缺性的区域。

2. 不可替代性

稀缺性物品或资源如果是可替代的，其替代品可代之满足人们对稀缺物品的需求；反之，稀缺性物品或资源如果是不可替代的，它们的稀缺程度会大大提高。水资源是不可替代的，其不可替代性不仅说明其在自然、经济与社会发展中的重要程度，也提高了水资源的稀缺程度。水资源的不可替代性具有绝对和相对两个方面。

从功能来分析，水资源一般可分为生态功能和资源功能两大类。生态功能是一切生命赖以生存的基本条件。水是植物光合作用的基本材料，水使人类及一切生物所需的养分溶解、输移，这些都是任何其他物质绝对不可替代的。水资源功能的大部分内容也是不可替代的重要生产要素。如水的汽化热和热容量是所有物质中最高的，水的表面张力在所有液体中是最大的，水具有不可压缩性，水是最好的溶剂，等等。

水资源功能的一部分，在某些方面或工业生产的某些环节是可以替代的。如工业冷却用水，可用风冷替代；水电可用火电、核电替代。但这种替代较昂贵，缺乏经济上的可行性；在成本上是非对称性的，即用水是低成本的，而替代物是相对高成本的。如从环境经济学分析，这种替代往往要付出更大的生态环境成本。所以，在这种情况下，水资源的功能在经济上也是相对不可替代的。

3. 再生性

如果对一种资源存量的不断循环开采能够无限期地进行下去，这种资源就被定义为可再生资源。水资源是不可耗竭的可再生性资源，有三层含义：

第一，水资源消耗以后，通过大自然逐年可以得到恢复和更新。从全球水圈来讲，总水量是不变的，水资源存在着明显的水文循环现象。但是水资源的再生性又不是绝对的，而是相对的、有条件的。再生时间是水资源循环周期中最重要的条件。在水资源再生的过程中，不同的淡水和海洋正常更新循环的时间是不相等的。超量抽取地下水，会使一些地下水在人为因素的作用下由不可耗竭的再生性资源转为可耗竭性资源。对不可耗竭的再生性水资源的开发利用必须考虑其自然承载能力。如超过其限度就会转为可耗竭性资源或延长再生周期。不能把水资源的可再生性误认为水资源是取之不尽、用之不竭的。

第二，随着人类社会的飞速发展，在水需求量大大超过自然年资源量时，人们可通过工业手段使其人为再生。在利用天然水体本身的自净能力的基础上，同时采取生物和工程等多种措施，实现水的再生化和资源化，这是今后满足日益增长的水需求，尤其是满足超过水资源自然再生性所能提供水量之上需求的主要途径。由于人工再生成本远远高于自然再生成本，其价格的提升将使社会成本普遍提高。

第三，采用经济合理的管理程序，使同一水资源在消费过程中多次反复使用，也是一种使用过程中的再生形式。对多个非消耗性用水领域，根据不同用水标准，按科学合理的使用顺序安排消费流程，如先发电，后航运，再用于工业或农业。在水资源量一定的条件下，复用次数越多，水资源利用程度就越高，资源再生量就越大。虽然这样的消费流程所需管理难度较大，但也是水资源供求矛盾迫使人们必须走的一条路。

4. 波动性

水资源虽是可再生的，但其再生过程又呈现出显著的波动性特点，即一种起伏不定的动荡状态，是不稳定、不均匀、不可完全预见、不规则的变化。

水资源的波动性分为自然和人为两种。自然的波动性表现在水资源再生过程的空间分布和时程变化上。水资源波动性在空间上称为区域差异性，其特点是显著的地带性规律，即水资源在区域上分布极不均匀；水资源时程变化的波动性，表现在季节间、年际和多年间的不规则变化。水资源的人为波动是指人作用于水资源的行为后果，负面影响了水资源正常的再生规律。如过度开采水资源、水污染、水工程老化失修、臭氧层的破坏、环境的日益恶化等。

将水资源的自然波动和人为波动联系起来分析：水资源的自然波动，是外生不确定性，没有一个经济系统可以完全避免外生不确定性；水资源的人为波动，是内生不确定性，来源于经济行为者的决策，与经济系统本身的运行有关，是可以控制和避免的。在水资源波动过程中，外生不确定性和内生不确定性可以相互作用，应以内生确定性来平衡外生不确定性，用科学的决策、合理的规划、优质的水资源工程使水资源波动性降至最低程度。

综上所述，水资源既有稀缺性，又有不可替代性；既有再生性，又有很大的波动性，因此，水资源是非常宝贵的资源，人们在开发利用过程中，应该运用经济方法，在完善水资源市场的过程中，通过价格机制的作用，使之达到资源最优或次优的经济配置。水资源再生过程的波动性对供水保证率是非常不利的。为了调节需求，价格浮动也是必然的，固定的水价是不符合自然规律和市场规律的。

（三）水资源价值的作用

1. 水资源价值是水资源可持续利用的关键之一

水资源价值在持续利用水资源的过程中具有重要地位，它是水资源持续利用的关键内容之一，进而构成持续发展战略的重要组成部分。水资源危机的加剧，促进了水资源高效持续利用的研究，经过深入的理论探讨和实践总结，有识之士渐渐意识到水资源价值是持续利用水资源的关键之一。尽管国内外对此没有明确论述，但在一系列文件中都不同程度地予以了确认。

我国的水资源价值理论长期受"水资源取之不尽、用之不竭"的传统价值观念影响，水资源价格严重背离水资源价值，造成了水资源长期被无偿地开发利用，不仅形成了巨大的水资源浪费和对水资源的非持续开发利用，同时对人类的生存及国民经济的健康发展产生了严重的威胁。

2. 水资源价值是水资源宏观管理的关键

水资源管理手段是多样的，其中，水资源核算是水资源管理的重要手段，也是将其纳入国民经济核算体系之中的前提。国民经济核算是指对一定范围和一定时间内的人力、物力、财力所进行的计量，对生产、分配、交换、消费所进行的计量，对经济运行中所形成的总量、速度、比例、效益所进行的计量，其主要功能体现在它是衡量社会发展的"四大系统"，即社会经济发展的测量系统、科学管理和决策的信息系统、社会经济运行的报警系统和国际经济技术交流的语言系统。无论是西方的国民经济核算体系，还是我国现行的国民经济核算体系，皆未包括水资源等资源环境部分，缺乏对水资源等自然资源的核算，因此，导致了严重的后果。其主要表现为：水资源等资源环境的变化，在国民账户中没有得到反映，一方面经济不断增长，另一方面资源环境资产不断减少，形成经济增长过程中的"资源空心化"现象，其实质就是以消耗资源推动国民经济发展的"泡沫式"的虚假繁荣假象。可见，开展水资源核算是非常重要的。

3. 水资源价值是社会主义市场经济的需要

我国法律规定，水资源等自然资源归国家或集体所有，这是法律所赋予的权利。仅从法律条文上来看，水资源具有明确的所有权。但在现实的经济生活中如何实现这个权利，是无偿转让、征收资源税还是定价转让，这是一个值得研究的问题，究竟采取何种方式，取决于经济发展对水资源的需求程度、市场发育程度、政府管理水资源的水平及认识水平。国家作为人民大众的利益代表者，具有管理水资源的权利和义务，并且要使水资源的所有权在经济上得以实现。其中的重要手段是有偿转让水资源，水资源使用者通过交换的方式获得使用权，国家将所得到的资金返投于水资源的有关的建设中，服务于大众。从时间上来看，由于客观上存在着水资源的所有权与经营权、使用权的分离，导致了水资源产权的模糊，因而产生了一系列问题。因此，应明确水资源产权对资源配置具有根本影响，是影响资源配置的决定性因素。

4. 水资源价值是水资源经济管理的核心内容之一

水资源价格是水资源价值的外在表现，在水资源管理中占有重要地位，它不仅是水利经济的循环连接者，也是水利经济与其他部门经济连接的纽带；通过水资源价值可以掌握水利经济运动规律，反映国家水利产业政策及调整水利产业与其他产业的经济关系，合理分配水利产业既得利益。适宜的水资源价值不仅能够促进节约用水，提高用水效率，实现水资源在各部门间的有效配置，而且对地区间水资源合理调配都具有重要意义。

然而长期以来，我国的水资源被无偿或低价使用，事实上水的所有权被废除或削弱，不仅刺激了水资源的开发利用，同时由于缺乏有效的水资源保护措施，造成了水资源的浪费与水环境的恶化。

（四）水价和水资源费

由于水资源本身具有价值，可以利用的水就具有商品属性，也就具有价格。在市场经济条件下，一般商品的价格是依据成本和市场供需情况而定的。但由于水市场的垄断性，水资源商品的定价依据主要是成本。这个成本应当包括在水资源开发及运行全过程中的总成本，包括前期工作、规划设计、施工、管理运行等费用，也包括污水处理的费用，并由此确定需要由用户支付的总成本。由于水的用户要求各不相同，例如，对水质的要求和对水量的保证程度等要求因用户的性质差别很大，通常对用户分为不同等级，结合考虑用户从水的利用获得的利润、用户的支付能力和公众利益等方面制定不同等级用水的用水成本，从长远观点考虑，还应考虑为保证社会的可持续发展和促进水资源保护以及使用后水的再利用可能性，以确定综合水价。但影响水价制定的因素很多，有经济因素，也有各种非经济因素，但这些因素的影响，对不同地区各不相同，必须针对具体情况进行分析。

1. 水价的几个基本概念

（1）成本水价

成本水价应是商品价格的下限。若商品价格低于它，生产者或经营者就要亏损。成本水价是制定其他价格的基础和依据。当前我们制定的在正常条件下的灌溉用水的价格就是成本价格，即成本水价。

（2）理论价格

又叫理想价格或合理价格。理论价格可能不是马上可以实施的，但它能为调整不合理的价格指明方向。在理论价格的基础上，参照供求状况和国家政策制定实际价格。

（3）生产水价

根据会计学核算，生产水价应等于产品的社会成本加按社会平均资金盈利率计算的盈利额。所以，实质上，生产水价是一种比较现实的理论价格。

（4）目标水价

也叫决策水价，它是以理论价格为基础，考虑其他经济、政治等因素而制定的价格。目标水价可促进生产和流通，鼓励合理利用各种资源，调节生产比例和效益分析，指导消费，使国民经济取得最大经济效益。在水利工程供水中，许多水价都是目标水价。例如，为了促进经济落后地区的工农业发展，降低该地区的供水价格，甚至免费供水；为了鼓励某一事业的发展，给以优惠水价；为了节约和高效利用水资源，在缺水地区或一般地区的干旱年或干旱季节，实行高价供水；为了使多余水资源发挥效用，在多水地区或丰水年及丰水季节，即供大于需的情况下，实行低价供水；为了合理地再分配经济效益，对于经济效益较低的用水户，如一般作物的灌溉用水，采用低水价；对经济效益较好的用水户，如经济作物、养殖用水等采用高水价。由于水质不同，也可制定不同的价格。实质上，灌溉水采用的是成本价格，工业用水采用的成本加盈利的水价是目标水价。

（5）均衡水价

理论上，均衡水价是指在市场经济条件下，水资源供需达到动态均衡状态下的水市场供水价格。按照经济学定义，在均衡价格下，水资源供需市场是出清的。若市场水价大于均衡价格，将使水市场存在一定的稀缺，供应过少，将刺激供应增加，导致价格下降，市场重新处于出清；反之，若低于均衡价格，则水市场存在一定的剩余，供应过多，将减少供应，致使价格上升，市场也将处于均衡。因此，若市场发展完善，则市场具有趋于均衡的内在机制，高价抑制消费，低价鼓励消费。由于价格直接反映生产者的收入，对生产也起着调节作用，高价鼓励增加生产，而低价抑制生产。一般来讲，若政府由于某种理由试图把水商品价格维持在均衡水平之上或之下，都要付出代价。若维持在均衡价格之上，用户将采取节约用水或减少用水，或用其他污水处理、海水利用或雨水利用等方法代替，从而减少地表和地下水资源的需求量，将使供水工程不能发挥其正常的能力，供水能力过剩，影响经济效益；若把价格维持在均衡价格之下，政府将对水企业提供补助，以维持水利工程或供水企业的正常运行，否则水企业将承担亏损，长此以往，将给政府和企业造成沉重的负担。因此，在市场经济条件下，均衡水价应是明确体现水资源供求关系的合理价格。但由于水商品具有不同于其他商品的市场运行规律，如垄断性、区域性和公益性等，目前，均衡价格仅仅是重要的区域水价制定的参考。

2. 水价制定原则

水资源属于可分的非专有物。可分是指可供水量在供给任何一个用户使用后，都将减少；而非专有是指水资源不为某个人或团体所拥有。但非专有性将削弱财产权，导致低效率。水资源非专有性的结果也必然导致水资源供应量、服务和舒适供应不足，有害物和不舒适供应的数量过多；相应于低效率的开发，资源开发过度，以及在资源的管理、保护和生产能力方面投入不足。对于水资源的定价，为了防止水资源非专有性的分配结果的发生，促进水资源的可持续开发利用和提供可靠的供水，水价的制定应遵循以下四项原则：

第一，公平性和平等性原则。水是人类生产和生活必需的要素，是人类生存和发展的基础，人人都享有拥有一份干净水以满足其基本的生活需求的权利。因此，水价的制定必须使所有人，无论是低收入者，还是高收入者，都有能力承担支付生活必需用水的费用。在强调减轻绝对贫困、满足基本需要的同时，水价制定的公平性和平等性原则还必须注意水资源商品定价的社会方面的问题，即水定价将影响社会收入分配等。

除了保证人人都能使用外，价格的公平性和平等性也必须体现在不同的用户之间，即保证用户的投入与其所享用的水服务相当。一般来讲，随着供水量的变化，其成本是变化的，不同用水量的用户间的价格也应存在差异，必须在价格中体现。在社会主义市场经济的条件下，这种公平性和平等性原则还必须区别发达地区和贫困地区、工业和农业用水、城市和农村之间的差别。

公平性和平等性原则要求在水价的制定中考虑用户的支付能力和支付意愿，在某些情况下，要考虑实施两部制水价或基本生活水价结构。

第二，水资源高效配置原则。水资源是稀缺资源，其定价必须把水资源的高效配置放在十分重要的位置。只有水资源高效配置，才能更好地促进国民经济的发展。即只有当水价真正反映生产水的经济成本时，水才能在不同用户之间有效分配。换一句话说，如果水被真正定价，水将流向价值最高的地区或用户。

水资源的高效配置要求采用边际成本定价法则，即边际成本等于价格。但在某些条件下，边际成本定价并不能实施。当规模经济效益未能充分发挥时，平均成本趋于递减，边际成本低于平均总成本，供水企业将亏损。公平性和平等性原则也限制按边际成本定价。

从效率方面考虑，在市场经济条件下，若存在完全竞争，水资源商品（以供水为例）的价格，将由市场的供需关系确定，供需平衡时的价格，即均衡价格为水价。但如前所述，水资源商品的供给完全为供方市场。由于垄断，在不加管制的条件下，水资源商品生产企业将追求超额利润。在完全竞争下，商品价格应等于边际收益，等于边际成本。但在不完全竞争条件下，价格将不会等于边际成本，生产者追求利润最大化，使边际成本等于边际收益，限制生产，使市场处于稀缺状态，价格高于边际成本，导致资源的低效配置。政府机构等单位为了限制垄断者追求超额利润，有必要对像供水等自然垄断的行业进行管制，以防止垄断的定价制度。按传统的做法，管制就是对受管制的厂商企业实施平均成本定价。但这样将偏离边际成本定价，影响资源的配置效率，因此，在某些情况下寻求一个次优的策略，对价格需求弹性小的商品，价格可以偏离边际成本大一些；对价格需求弹性大的商品，价格偏离边际成本要小，以尽量促进资源的高效配置。

第三，成本回收原则。成本回收是保证水企业不仅具有清偿债务的能力，而且也有能力创造利润，以债务和股权投资的形式筹措扩大企业所需的资金。只有水价收益能保证水资源项目的投资回收，维持水经营单位的正常运行，才能调动水投资单位的投资积极性；同时也鼓励其他资金对水资源开发利用的投入，否则将无法保证水资源的可持续开发利用。但目前我国的水价制定中，这条原则往往不能满足，水价明显偏低，水生产企业不能回收成本，难以正常运行，价格也不能向用户传递正确的成本信号。

第四，可持续发展原则。相对于代际而言，水价必须保证水资源的可持续开发利用。尽管水资源是可再生的，可以循环往复，不断利用，但水资源所赋存的环境和以水为基础的环境是不一定可再生的，必须加以保护。因此，可持续发展的水价中应包含水资源开发利用的外部成本。在部分城市征收的水费中包含的排污费或污水处理费，就是其中一个方面的体现。

总之，水资源作为一种特殊商品，其定价是十分复杂的。水价的制定不仅应考虑公平性和平等性原则，促进资源的高效配置和可持续开发利用，还应顾及成本回收，而且四个原则还互相矛盾。在具体的实施中，应考虑不同情况区别对待。由于水资源开发利用活动的多目标综合性，水价制定应区别对待各种不同用途之间定价的原则的轻重缓急。对于诸如生活用水等公益性较强的用途，首先需要考虑的是公平性和平等性原则，在此基础上，再考虑成本回收及资源的高效配置；对于农业用水，由于国家产业政策的倾斜等原因，农业用水定价首先要考虑的是资源的高效配置，然后才是成本回收，而对于公平性原则一般可不予考虑；对于工业用水，由于水是一种生产资料，将计入生产成本，转嫁于商品的购买者，因此，工业用水首先应是资源的高效配置和成本回收，同时还必须考虑利用。以上定价原则也说明了水资源管理体制的两个方面：政府干预和市场机制的功能，为建立可持续发展的水资源管理清晰界定了管理范围。在以上的四项原则中，资源高效配置是市场的职能，不在政府的职能之内，但水资源作为特殊商品，政府应通过立法，建立合适的体制和提供有效的经济手段，保证市场发挥资源配置的能力。保证公平性和平等性及可持续性则是政府的职责所在，市场经济不能解决这两个问题，政府需要干预市场，保证这两个原则的实现。成本回收是政府在水价制定中应替企业着想的问题。

3. 征收水资源费的理论依据

水资源费是水资源管理中普遍采用的经济手段。水资源费与日常生活中所讲的水费不同，水费是对水服务支付的费用，而水资源费则是由于取水而征收的费用，大多数是资源稀缺租金的表现。征收水资源费的理论依据，主要是出于受益原则、公平原则、补偿原则和效率原则。

第一，受益原则。受益原则是指纳税人以从政府公共支出的受益程度的大小来分担税收。在我国法律规定水资源属于国家所有的情况下，资源的开发利用者将因利用而受益，因此，从受益的方面考虑，有责任向国家支付一定的补偿，即缴纳相应的水资源费。实质上，水资源费是国家所有的水资源在使用和受益转让过程中的一种经济体现。

第二，公平原则。由于水资源存在着多来源性和水质的不同，因此，开发利用量相同的水资源其成本有较大差别。为了平衡市场的价格和产品，保护不同水源和水质的水资源开发利用者的利益，国家有必要对水资源开发利用中存在的差别进行调节，这样水资源费就成为国家调节水资源开发利用的必要手段。

第三，补偿原则。水资源在开发利用过程中，需要进行大量的基础性和前期工作，如水资源开发效益论证、水文和水质的监测、水资源开发利用规划及水资源管理等。

为了有利于水资源的开发利用，水资源所有者需要对其所拥有的资源进行各种必要的前期工作和管理，而这些前期工作和管理必然要花费一定的费用。对于水资源的所有者，这些费用应当由水资源开发利用者给以适当的补偿。而水资源费正是这样一种形式，可以补偿水资源在前期工作和管理活动中的开支。

第四，效率原则。从经济学资源配置效率角度分析，稀缺资源应由效率高的利用者开采，对资源开采中出现的掠夺和浪费行为，国家除采用法律和行政手段外，用经济手段加以限制也是有效的。对于人类稀缺的水资源来说，除了保证人的基本生活需求外，更应当配置在利用效率高的方面，这样才能促进水资源的高效配置。

二、水资源配置

（一）水资源配置的概念

水资源配置的概念主要是基于以下背景提出的：

第一，随着人口的不断增加和经济社会的快速发展，水资源供需矛盾日益突出，水资源短缺已成为制约许多国家和地区经济社会发展的瓶颈。因此，寻求合理的水资源配置方案，从而实现有限水资源的利用效益和效率的最优化，已成为摆在我们面前的重要任务，这是开展水资源配置工作的前提条件和动力。

第二，水资源短缺引发水资源在不同地区和不同用水部门之间存在客观的竞争现象，针对该现象实施的每种配水方案必将产生不同的社会、经济、环境效益，这是开展水资源配置工作的基础条件。

第三，系统科学方法、决策理论与计算机模拟技术的不断发展和完善，为开展水资源配置提供了技术支撑条件。

基于上述背景，可总结出水资源配置的一般概念。水资源配置是指在流域或特定的区域内，遵循高效、公平与可持续利用的原则，通过各种工程与非工程措施，改变水资源的天然时空分布；遵循市场经济规律与资源配置准则，利用系统科学方法、决策理论与计算机模拟技术，通过合理抑制需求、有效增加供水与积极保护环境等手段和措施，对可利用水资源在区域间与各用水部门间进行时空调控和合理配置，不断提高区域水资源的利用效益和效率。

（二）水资源配置的意义

水资源配置是水资源规划的重要基础和不可缺少的重要内容，其重要意义主要体现在以下三个方面：①有效地促进水资源的合理利用；②促进水资源开发、经济社会与环境保护之间的协调与可持续发展；③可实现社会、经济、环境效益的综合最优。

三、水资源规划

（一）水资源规划的概念

水资源规划起源于人类有目的、有计划地防洪抗旱以及流域治理等水资源开发利用活动，它是人类与水斗争的产物，是在漫长的水利生产实践中形成的，且随着经济社会与科学技术的不断发展，其内容也不断得到充实和提高。

水资源规划是指在统一的方针、任务和目标的约束下，对有关水资源的评价、分配、供需平衡分析与对策，以及方案实施后可能对经济、社会和环境的影响等方面而制定的总体安排。

我国有水利规划与水资源规划之分，水资源规划是水利规划的重要组成部分。水利规划是指为防治水旱灾害、合理开发利用水土资源而制定的总体安排，具体内容包括确定研究范围，制定规划方针、任务和目标，研究防治水害的对策，综合评价流域水资源的分配与供需平衡对策，拟定全局部署与重要枢纽工程的布局，综合评价规划方案实施后对经济、社会和环境的可能影响，提出为实施这些目标须采用的重要措施及程序等。

水资源规划就是指在统一的方针、任务和目标指导下，通过调整水资源的天然时空分布，协调防洪抗旱、开源节流、供需平衡以及发电、通航、水土保持、景观与环境保护等方面的关系，以提高区域水资源的综合利用效益和效率为目标而制订的总体计划与安排，并就规划方案实施后可能对经济、社会和环境产生的潜在影响进行评价。

（二）水资源规划的意义

水资源规划的意义主要体现在以下几方面：①有效地促进水资源评价及其合理配置；②通过有计划地开发利用水资源，可保障经济社会的稳步发展，进一步改善或保护区域环境，促进区域人口、资源、环境和经济社会的协调发展，以水资源的可持续利用支持经济社会的可持续发展；③有效地保护水资源，缓解水资源短缺、洪涝灾害和水环境恶化带来的多种社会矛盾。

（三）水资源规划的类型

根据规划的区域和对象，水资源规划可分为以下几种类型：

1. 区域水资源规划

区域水资源规划是指以行政区或经济区、工程影响区为对象的水资源规划。区域水资源规划所研究的内容包括国民经济发展、自然资源与环境保护、地区开发、社会福利与人民生活水平的提高，以及与水资源有关的其他问题。研究对策一般包括防洪、灌溉、排涝、航运、供水、发电、养殖、旅游、水环境保护与水土保持等内容。规划的重点视具体的区域和水资源服务功能的不同而有所侧重。例如，干旱缺水地区的水资源规划应以水资源合理配置、水资源节约及水资源科学管理为重点；而洪灾多发地区的水资源规划则应以防洪排涝为重点来开展实施。

进行区域水资源规划时，既要把重点放到研究区域上，又要兼顾研究区域所在流域的水资源总体规划，统筹局部利益和整体利益，实现大流域与小区域之间的相互协调与全局最优。

2. 流域水资源规划

流域水资源规划是以整个江河流域为对象的水资源规划，也称流域规划。流域规划的研究区域一般是按照地表水系的空间地理位置来划分的，即以流域分水岭为区域边界。研究内容和对策基本与区域水资源规划相近。同样，对于不同的流域规划，其规划的侧重点也有所不同。例如，塔里木河流域规划的重点是生态保护；黄河流域规划的重点是水土保持；淮河流域规划的重点是水资源保护。

3. 跨流域水资源规划

跨流域水资源规划是将两个或两个以上的流域作为对象，以跨流域调水为目的的水资源规划。例如，为实施"引黄济青""引青济秦""引黄入呼"等工程而进行的水资源规划；为实施南水北调工程而进行的水资源规划等。跨流域调水工程涉及的流域较多，每个流域的经济社会发展、水资源利用和环境保护等问题都应包含在内。因此，与单个流域水资源规划相比，跨流域水资源规划所要考虑的问题更多、更广泛、更深入，既要探讨由于水资源的时空再分配可能给每个流域带来的经济社会和环境影响，也要探讨整个对象领域水资源利用的可持续性和对后代人的影响及相应对策等。

4. 专门水资源规划

专门水资源规划是以流域或地区某一专门任务为研究对象或为某一特定行业所做的水资源规划。有灌溉规划、水资源保护规划、防洪规划、水力发电规划、城市供水规划、航运规划，以及某一重大水利工程规划等。该类规划针对性较强，除重点考虑某一专门问题外，还要考虑规划方案实施后可能对区域或流域产生的影响，以及区域或流域水资源状况和开发利用的总体战略等。

第二节　水资源规划的工作流程

一、工作流程

任何一种规划都有自己特定的目标，都应在支撑上级系统总体目标实现的前提下定义自己的功能和实现的目标。水资源规划是国民经济发展总体规划的重要组成部分和基础支撑规划，它是在经济社会发展总体目标的要求下，根据自然条件和经济社会的发展趋势，制定出不同规划水平年水资源开发利用与管理的措施，以保障人类社会的生存发展及其对水的需求，促进社会、经济、资源和环境的协调可持续发展。

水资源规划的目标是为国家或地区水资源可持续利用和管理提供规划基础，要在进一步查清区域水资源及其开发利用现状、分析和评价水资源承载能力的基础上，根据经济社会可持续发展和环境保护对水资源的要求，提出水资源合理开发、优化配置、高效利用、有效保护和综合治理的总体布局及实施方案，促进我国人口、资源、环境和经济的协调发展，以水资源的可持续利用支持经济社会的可持续发展。

水资源规划的目标实际上包括整治和兴利两部分。整治的目标就是通过对河道、水库、湖泊、渠道、滩涂、湿地等天然和人工水体的淤积、萎缩和退化等问题的治理，进行生态保护和修复，制定出污水排放控制标准；兴利的目标就是通过修建各种水利工程，调节水资源的时空分布，使得水资源得到充分利用，最大限度地满足用水需求。

水资源规划的主要内容：①水资源调查评价；②水资源开发利用情况调查评价；③节约用水；④水资源保护；⑤需水预测；⑥供水预测；⑦水资源合理配置；⑧总体布局与实施方案；⑨规划实施效果评价。

根据水资源规划的主要内容和目标，水资源规划编制的总体思路是规划编制应根据地区国民经济和社会发展总体部署，按照自然规律和经济规律，确定水资源可持续利用的目标和方向、任务和重点、模式和步骤、对策和措施，统筹水资源的开发、利用、调配、节约和保护，规范水事行为，促进水资源可持续利用和环境保护。

根据水资源规划的主要内容、各组成部分的编辑次序及其逻辑关系，可整理出水资源规划的工作流程。

（一）现场查勘，收集、整理资料，分析问题，确定规划目标

现场查勘：了解研究地区的实际情况，进行有关水资源评价及其开发利用现状调查评

价等方面的基础工作，观测河道流量、地下水水位，进行抽水实验、水文地质实验、水质取样与化验，调查各行业用水情况、供水工程情况等。

收集、整理资料：主要收集经济社会、水文气象、地质与水文地质、水资源开发利用与水利工程等方面的基础资料。整理资料就是从时间和空间上使资料更符合工作需要。

分析问题：初步分析对象领域现状供用水存在的问题，初步确定进一步开发利用水资源的基本要求。

确定规划目标：根据现状供用水存在的问题和开发利用水资源的基本要求，拟定规划目标，作为制订规划方案或措施的依据。

（二）水资源及其开发利用情况调查评价

评价对象领域地下、地表及其他水源的水资源量，同时对对象领域水资源开发利用情况进行调查评价，包括对对象领域供用水情况及其存在的问题进行系统分析。

（三）节约用水与水资源保护

节约用水包括现状用水水平分析，各行业分类节水标准及其指标的确定，节水潜力分析与计算，确定不同水平年的节水方向、重点和目标，拟订节水方案，落实节水措施。水资源保护包括地表水与地下水资源的保护以及水生态的修复与保护对策，即水资源的量与质的保护。

（四）供需水预测

供水预测：预测各规划水平年不同保证率下各类水源工程的供水量，水源工程包括原有水源工程和新增供水水源工程。预测不同水资源开发利用模式下可能的供水量，并进行技术经济比较，拟订水资源开发利用方案。分析规划区域各水平年境内水资源可供水量及其耗水量。规划区域境内水资源的耗水量不应超过区域水资源可利用量。供水预测要充分吸收和利用有关专业规划以及流域、区域规划成果，并根据规划要求和新的情况变化，对原规划成果进行适当调整与补充完善。

需水预测：预测各规划水平年不同保证率下各行业的需水要求和用水水平。根据区域水资源条件及其承载能力，确定各规划水平年不同发展情景下的经济社会发展指标。在对各种发展情景指标进行综合分析后，提出经济社会发展指标的推荐方案。

（五）抑制需求和增加供水的方案分析

在供需水预测的基础上，进行抑制需求和增加供水的方案分析，同时考虑水资源保护、节约用水及保护环境，提出供需水及目标控制方案集。

（六）水资源合理配置

对方案集内各方案的供需水状况进行分析后，运用水资源合理配置模型对前述形成的方案集进行优选，找出满足合理配置约束条件的方案，这就是非劣解集，进一步通过对非劣解集方案的对比分析，推荐出合理可行的较优方案，并拟定应对特殊干旱情景的对策和措施。

（七）总体布局

依据水资源合理配置提出的推荐方案，统筹考虑水资源的开发、利用、调控、节约与保护，提出水资源开发利用总体布局、实施方案与管理方式。总体布局要使工程措施与非工程措施紧密结合，最终形成水资源规划的总体方案。

（八）实施效果评估

综合评估推荐规划方案实施后可能达到的经济、社会、环境的预期效果与效益。

二、水资源需求分析及预测

水资源是经济社会发展的基础资源，经济社会的发展需要水资源做保障，然而水资源的供给并不能完全满足经济社会发展的需要。一方面，经济社会发展过快会造成对水资源的需求急剧增加，有限的水资源不能满足其需求；另一方面，经济条件过差，对水资源的开发利用条件不足，也会使水资源得不到充分利用，不能满足经济社会的进一步发展。因此，经济社会发展与水资源紧密联系、互相制约。

（一）经济社会发展与水资源的关系

1. 水资源是生命系统不可缺少的一种资源，是经济社会发展的基本条件

水是构成生命原生物质的组成部分，参与生物体内的新陈代谢和一系列反应，是生命物质所需营养成分的载体，是植物光合作用制造有机体的原料。水是所有作物生长赖以生存的基础，作物需水量得不到满足，就可能导致作物的减产、绝收甚至死亡；反之，水量过多也会发生洪涝灾害，从而影响作物产量。水也是工业生产的基础，几乎所有工业，在其生产过程中都有水的参与，随着工业的快速发展，对水的需求量也越来越多，而水资源对工业发展速度和规模的影响也就越来越大。同时，水是保障城市发展的基础，城市既要保证居民日常生活用水，也要保证城市其他公共事业用水等。城市用水要求水质好、保证率高。城市发展的规模越大，对水的需求就越大，水成为城市发展的一个决定性因素。

2. 经济社会发展的速度过快，水资源的压力也就不断增加

经济社会的快速发展，导致对水资源的需求量也在不断增加，然而，当水资源的需求量接近或超过其承载能力时，就会对水资源造成极大的压力。此外，人口增多，社会活动也会相应增多，水环境恶化，导致可利用水资源量的减少，从而增大了水资源的压力。从工农业利用水资源的角度来看，农业发展对水资源产生的压力主要表现在农药和化肥等有机物对地下水和地表水的点源、面源污染上；而工业发展对水资源产生的压力则主要表现在工业排污量的持续增加，虽然科学技术在不断进步，单位产品的排污量也在不断下降，但总体来看，污染物总量还是随着工业的快速发展而不断上升，这就不可避免地会污染水体，对水资源造成的压力会越来越大。经济社会的发展对水资源的压力主要来源于两个方面，一方面是经济社会的发展导致对水资源的需求量越来越大；另一方面是排污量的不断增多，被污染的水资源量也相应增多，即水环境日趋恶化。

3. 水资源问题反作用于经济社会发展，并制约其发展

经济社会的快速发展导致产生了一系列新的水资源问题，水资源压力的增加，使水资源危机频现。然而，经济社会发展又离不开水，这就使得水资源问题反作用于经济社会发展，并制约其发展。

4. 经济社会发展为水资源的合理开发利用提供条件与保障

对水资源的合理开发利用需要建设相应的开发利用工程，这就需要一定的投入，这种投入包括经济上的投入和科技上的投入，二者投入多少则取决于经济社会的发展状况，经济社会发展程度越高，为水资源的开发利用提供的资金和技术就越多。

总之，经济社会发展与水资源的关系十分密切，二者相互联系、相互制约，又相互促进。因此，在进行水资源需求分析时，要随时考虑二者的关系，不能只考虑经济发展，也不能一味地考虑无限制地开发利用水资源，要实现二者的协调、可持续发展。

（二）水资源需求变化的影响因素分析

随着经济社会的发展，其对水资源的需求也产生了相应的变化，这种变化主要来源于经济增长的需要和水资源的开发利用程度两个方面，具体驱动和制约水资源需求增长的因素可总结为以下两点。

1. 驱动水资源需求增长的因素

驱动水资源需求增长的因素主要有人口的增加和城镇化进程、经济发展以及环境保护与建设三个方面。

第一，人口的增加和城镇化进程。随着人口的不断增加，人类也在不断改变着环境，发展着经济。从本质上说，人类及其生存环境用水都可归结为人的用水。只要人口在不断增加，人类对水资源的需求量也就不断增长。城镇化进程也会驱动需水量的增长。随着经济社会的发展和人类生活水平的不断提高，城镇化进程逐步加快，城镇化率不断提高，这种提高使得对水资源的需求量进一步加大。随着改革开放的进一步深入，特别是经济社会的飞速发展，我国的城镇化程度将越来越高，对水资源的需求也会越来越大。从水资源供需分析来看，与广大农村牧区相比人口大量集中于较狭小的城镇，用水也比较集中，宜于建设集中供水设施，提高供水效率。从水资源消耗上来看，城镇人口越多，其所消耗的水资源量也就越多。不同时期、不同区域的人均用水量是不一样的。但是在相当长的发展时期，需水的增长仍将取决于人口的增加，人口的增加和城镇化进程作为需水的驱动因素将长期存在。

第二，经济发展。经济发展是人类社会永恒的主题。随着人类经济活动的日益增大，经济发展所消耗的水资源量也将越来越多。人类经济活动所消耗的水资源主要包括农业灌溉、工业用水和其他生产用水等。为了满足不断增加的人口对粮食的需求，需大量开发土地和发展灌溉农业，致使灌溉用水量持续增长。从发展的角度看，在今后相当长的一段时期内，全球经济发展总需水量仍会呈增长的趋势，经济发展是需水量继续增长的主要驱动因素之一。但这种增长具有阶段性，当经济发展进入工业化后期或后工业化阶段，经济活动用水量则有可能进入稳定甚至出现所谓的"零增长"阶段，而且随着节水水平的不断提高和先进工艺的广泛采用，经济发展需水量有可能呈下降趋势。但我国尚未进入工业化后期或后工业化阶段，在未来相当长的一段时期内，经济发展需水量仍会呈增长态势。

第三，环境保护与建设。随着可持续发展战略的进一步实施，环境保护与建设的不断深入，生态用水也将驱动未来区域需水的增长。作为发展中国家，我国正日益面临着经济社会发展用水与生态用水的激烈竞争。这主要是由于我国水资源时空分布极不均匀，导致许多地区在发展经济和维持人类生命用水的需求过程中，牺牲了部分生态对水资源的需求，造成了严重的环境问题，如北方地区许多河流断流、地下水位持续下降、沿海地区海水入侵、众多河流湖泊受到污染、部分河流泥沙含量增大等。面对日益严重的环境问题，国家正在实施可持续发展战略，加强环境保护力度，增加环境保护治理投资。从水资源利用的角度来看，未来环境保护的水资源需求必将有较大增长。水是生态系统的重要因子，没有良好的水源做保证，环境保护就无从谈起。也就是说，环境保护在今后一段时期内，也将是驱动需水量增长的重要因素之一。

2. 制约水资源需求增长的因素

水资源的需求具有有限性和客观性，驱动需水增长的各类因素具有阶段性，需水不是无限制增长的，而是受到水资源状况、水价与水市场、水利工程条件，以及节水与水资源管理水平等因素的影响和制约。

第一，水资源状况。一个区域内的水资源量是有限的，在没有外区域水量调入的情况下，其所能利用的最大水量一般不能超过可利用水资源量。一个区域在一个时期内的水资源可利用量是有限的，需水量不可能脱离水资源的可利用量而无限度地增长，这就产生了需水量增长的资源制约性。当需水量超过可利用量时，将会破坏水循环规律，引起环境和资源负效应，威胁水循环的稳定和生态的安全，如我国北方地区部分城市由于地下水过度超采，已经形成大面积的地下水降落漏斗，引起地面不同程度的沉降，沿海许多地区也由于超采地下水引发了海水倒灌等。这种负面影响一旦形成，在短期内是很难消除的。再如，黄河的断流在很大程度上是由于对黄河水资源的过度开发利用而造成的，黄河断流导致下游河道的进一步淤积抬高，这样，一旦遭遇大洪水，就有可能发生毁灭性的破坏，后果不堪设想。因此，在进行需水量预测时一定要考虑水资源条件的制约，开发利用过程中也应结合当地水资源的状况来进行。

第二，水价与水市场。在经济不断发展的条件下，对水的需求增长将受到水价的抑制，较高的水价一般有利于减少无谓的浪费，并可促进节水工作的有序开展，这就体现出市场机制对供需关系的调整作用。然而，水价的调整对通货膨胀、居民家庭支出结构和产品成本构成都有一定的影响，尤其是农业灌溉水价的调整，其影响面更为广泛。所以，水价调整还有一个承受力的问题。而且根据我国的宪法，水资源与其他自然资源一样，都属于国家所有，供水具有较强的区域垄断性，也不能完全由市场来决定水价。目前，尽管一些地区已经出现了水市场的雏形，但尚未形成完全意义上的"市场机制"。因此，水市场对需水的抑制作用尚待实践和探索，但水价与水市场对需水量的影响是毫无疑问的。

第三，水利工程条件。受经济社会发展水平和科学技术发展水平的影响，在社会发展的某一个阶段，水资源的开发利用量是有限度的。从供需平衡分析来看，区域内的用水量不能超过其可能的供水量。从预测的角度来看，由于水资源规划的超前性和安全性，通常情况下需水量的预测值会超过当地供水工程的供水能力，但其又不能与可能的供水量相差太大。也就是说，需水量的增长受制于当地的水利工程条件。从科学技术发展的角度来看，许多地区的缺水问题是可以通过兴建水利工程解决的，但这些工程应具有经济和技术上的可行性。在大型的跨流域、跨区域调水工程没有实施以前，规划区的需水量显然会受到水利工程条件的制约。即便是实施了跨流域或跨区域的调水工程，受水区的需水量预测也会受到投资和技术条件的制约。

第四，节水与水资源管理水平。节水是有效地抑制需水量增长的重要措施。通过采取调整产业和产品结构、建设节水型社会、加大节水投入、实施工程措施节水、加强用水管理、提高水价、实行定额管理制度、发展节水技术和培育节水产业、加强节水教育、培养公众的节水意识等各类工程措施和非工程措施后，可以取得明显的节水效果。如农业灌溉用水较大的地区，可通过大面积发展节水灌溉，提高节水效果。水资源管理政策对水需求的影响也非常大，面向可持续发展的水资源管理政策，如取水许可制度、水资源管理年报制度、水资源费征收制度、累进制水价体系和节水激励机制等，这些政策的实施，能够有效地影响社会对水的需求。

三、需水预测

需水预测是在充分考虑资源约束和节约用水等因素的条件下，研究各规划水平年，并按生活、农业、工业、建筑业、第三产业和生态用水口径进行分类，同时区分城镇与农村、河道内与河道外、高用水行业与一般用水行业，分别进行各行业净需水量与毛需水量的预测。需水预测时需要考虑市场经济条件下对水需求的抑制，当地的水资源状况、水利工程条件、用水管理与节水水平、水价及水市场因素对需水的调节作用。充分研究节水技术的不断发展及其对需水的抑制效果。需水预测是一个动态预测过程，与节约用水及水资源配置不断循环反馈。需水量的变化与经济发展速度、国民经济结构、城乡建设规模、产业布局等诸多因素有关。需水预测是水资源规划和供水工程建设的重要依据。

（一）需水预测原则

需水预测既要考虑科技进步对未来用水的影响，又要考虑水资源紧缺对经济社会发展的制约作用，使预测符合当地的实际发展情况。

需水预测应以区域不同水平年的经济社会发展指标为依据，有条件时应以投入产出表为基础建立宏观经济模型。从人口与经济驱动需水增长的两大内因入手，结合具体的水资源状况、水利工程条件，以及过去多年来各部门需水增长的实际过程，分析其发展趋势，采用多种方法进行计算，并论证所采用的指标和数据的合理性。需水预测应着重分析评价各项用水定额的变化特点、用水结构和用水量的变化趋势，并分析计算各项耗水量指标。

需水预测应遵循以下几条原则：①以各规划水平年经济社会发展指标为依据，贯彻可持续发展的原则，统筹兼顾社会、经济、生态和环境等各部门发展对水的需求；②考虑市场经济对需水增长的作用和科技进步对未来需水的影响，分析研究工业结构变化、生产工艺改革和农业种植结构变化等因素对需水的影响；③考虑水资源紧缺对需水增长的制约作用，全面贯彻节水方针，分析研究节水技术、措施的采用与推广等对需水的影响；④重视现状基础资料调查，结合历史情况进行规律分析和合理的趋势外延，使需水预测符合区域特点和用水习惯。

（二）需水预测方法

需水预测按生活、农业、工业、建筑业、第三产业和生态用水口径进行划分，也可按生活、生产和生态用水口径进行划分。生活需水包括城镇居民生活需水和农村居民生活需水。生产需水是指有经济产出的各类生产活动所需要的水量，包括第一产业的种植业和林牧渔业，第二产业的高用水工业、一般工业、火（核）电工业和建筑业，以及第三产业等。生态需水分河道外和河道内两种情况，对于河道内生产用水如水电、航运等，因其用水主要是利用水的势能和生态功能，一般不消耗水资源的数量或污染水质，属于非耗损性清洁用水。此外，河道内的生产活动用水具有多功能特点，在满足主要用水要求的同时，可兼顾满足其他用水的要求。因此，通常情况下，河道内生产用水与河道内生态需水一并取外包线统一作为河道内需水考虑；生态需水分维护生态功能和生态建设两类，并按河道内与河道外用水来划分。

需水预测时应按近、中、远期设定不同的规划水平年，各水平年设定时，应结合经济社会发展规划、流域规划、城市规划、农业规划、工业规划、水利规划与生态建设规划等相关发展建设规划，经综合分析后加以确定。实际上，需水量＝指标量值×用水定额。因此，各行业需水预测的关键就是确定各规划水平年的指标量值和用水定额。

1. 指标量值的预测方法

按是否采用统计方法分为统计方法和非统计方法。

按预测时期长短分为即期预测、短期预测、中期预测和长期预测。按是否采用数学模型方法分为定量预测法和定性预测法。

常用的定量预测方法有趋势外推法、多元回归法和经济计量模型。

趋势外推法：根据预测指标时间序列数据的趋势变化规律建立模型，并用以推断未来值。这种方法从时间序列的总体进行考察，体现出各种影响因素的综合作用。当预测指标的影响因素错综复杂或有关数据无法得到时，可直接选用时间 t 作为自变量，综合替代各种影响因素，建立时间序列模型，对其未来的发展变化做出大致的判断和估计。该方法只需要预测指标历年的数据资料，因而工作量大大减少，应用也比较方便。该方法根据建模原理的不同又可分为多种方法，如平均增减趋势预测、周期叠加外延预测（随机理论）与灰色预测等。

多元回归法：该方法通过建立预测指标（因变量）与多个主相关变量的因果关系来推断指标的未来值，所采用的回归关系方程多为单一方程。它的优点是能简单定量地表示因变量与多个自变量间的关系，只要知道各自变量的数值就可简单地计算出因变量的大小，方法简单，应用也比较广泛。

经济计量模型：该模型不是一个简单的回归方程，而是两个或多个回归方程组成的回归方程组。这种方法揭示了多种因素相互之间的复杂关系，因而对实际情况的描述会更准确些。

2. 用水定额的预测方法

通常情况下，需要预测的用水定额有各行业的净用水定额和毛用水定额，可采用定量预测方法，包括趋势外推法、多元回归法与参考对比取值法等。其中，参考对比取值法可以结合节水分析成果，考虑产业结构及其布局调整的影响，并可参考有关省（自治区、直辖市）相关部门和行业制定的用水定额标准，再经综合分析后确定用水定额，因此，该法较为常用。

（三）用水定额、需水预测结果的影响因素

1. 用水定额的影响因素

在确定各行业的用水定额之前，应首先了解其影响因素。限于篇幅，下面重点介绍工业用水定额和农业灌溉定额的影响因素。

工业用水定额可采用万元增加值用水量、万元产值用水量或单位产品用水量等指标。影响工业用水定额的主要因素有以下几点：

第一，生产性质与产品结构。不同行业的用水构成不同，用水特性也不同，造成了用水定额的明显差异。通常火电、纺织、造纸、冶金、石化等行业的用水定额相对较大，属于高用水行业；而采掘、机械、电子等行业的用水定额相对较小，属于一般用水行业。高用水行业和一般用水行业的用水定额往往相差几十倍甚至几百倍。对于同类行业，由于其产品结构的不同，用水定额也有一定的差异。

第二，生产工艺、生产设备与技术水平。生产工艺、生产设备等技术条件，不仅影响工业产品的产量和质量，而且对其用水定额也有较大影响。技术装备好、生产工艺先进的企业，不仅产量高、质量好，而且用水定额也相对较小。技术装备差、生产工艺落后的企业，不仅产量低、效益差，而且用水定额也相对较大。

第三，生产规模。生产规模对企业单位产品用水量影响较大。通常，生产规模越大，

用水量也越大，水费成本也就越高，大企业比小企业更重视节水。

第四，用水水平与节水程度。工业用水重复利用率是反映工业用水和节水水平高低的重要指标。重复利用率越高，企业用水水平和节水程度就越高，相应的用水定额就越低。

第五，用水管理水平与水价。在企业生产规模相同、生产工艺相近的情况下，用水管理水平会直接影响单位产出取水量的大小。管理水平较高的企业，其用水水平也较高。水价对用水定额的影响也很明显，水价较高地区的企业用水定额比水价较低地区的同类企业明显偏低。

第六，自然因素与供水条件。通常情况下，夏季炎热、气温较高，用水定额相对较高；而冬季寒冷、气温较低，用水定额则相对较低。供水条件对企业用水定额的影响也很大，如同样是火电企业，直流式（贯流式）供水方式比起循环式供水方式，用水定额要高几十倍甚至几百倍。

农业灌溉包括农田灌溉、牧草地灌溉与林果地灌溉等，其用水定额通常选用亩均灌溉用水量，即灌溉定额，有时也采用单位农产品取水量、万元增加值或万元产值取水量等指标。影响灌溉定额的主要因素有作物需水量、有效降水量、作物生育期内的地下水补给量等。

2. 需水预测结果的影响因素

需水预测结果的主要影响因素有：①不同经济社会发展情景；②不同产业结构和用水结构；③不同用水定额和节水水平。

第三节 水资源合理配置

一、水资源合理配置的目标与原则

水资源合理配置的最终目标是保障水资源可持续利用和区域可持续发展。水资源合理配置的原则可以概括为以下几点：

（一）可承载原则

社会、经济、资源和环境协调发展的前提是不破坏地球上的生命支撑系统（如空气、水、土壤等），即发展应处于资源可承载的最大限度之内，以便保证人类福利水平至少处在可生存的状态之中。

（二）可持续性原则

水资源合理配置应体现可持续原则，不仅应考虑到当代人，而且要顾及后代人，即维持自然生态系统的更新能力，实现水资源的可持续利用。

（三）开源与节流并重原则

开源和节流是解决水资源需求的两条基本途径，在建立水资源合理配置模型时，要统筹兼顾开源和节流并重的原则。过去，人们对开源比较重视，常常靠兴修水利工程和设施、开发新水源来增加水源的供给能力。但在水资源相对贫乏、水资源开发利用率很高的地区，水资源开发利用潜力已不大，尤其是对供水能力已超过水资源可承载能力的地区，此时开源已不可能，只能靠节流。

（四）开发和保护相结合原则

在制订水资源配置方案时应尽可能将废污水的排放减小到最低程度，将其保持在水资源可承载能力之内，实现水资源的开发和保护相结合。

（五）兴利和除弊相结合原则

在进行水资源合理配置的同时，一定要关注历史和现在的水灾情况，并与未来可能出现的水灾情况相结合。

（六）综合效益协调最优原则

水资源合理配置应以保护自然环境为基础，以改善和提高生活质量为目标，同时与资源、环境的承载能力相协调，追求经济、社会效益与环境效益的协调最优。

二、水资源合理配置的内容及流程

水资源合理配置的内容较多，主要有：①水资源供需初步分析；②水资源配置方案的生成；③水资源合理配置模型及其求解；④特殊干旱期应急对策。

（一）水资源供需初步分析

通过对基准年和未来各规划水平年水资源供需的初步分析，可以弄清水资源开发利用过程中存在的主要问题，合理调整水资源的供需结构和工程布局，确定需水满足程度、余缺水量、缺水程度与水环境状况等指标。缺水程度可用缺水率（指缺水量与需水量的比值，用百分比表示，以反映供水不足时缺水的严重程度）来表示。通过计算分析，辨识各分区内挖潜增供、治污、节水与外调水边际成本的关系，明确缺水性质（资源性、工程性和环境性缺水）和缺水原因，确定解决缺水的措施及其实施的优先次序，为水资源配置方案的生成提供基础信息。

（二）水资源配置方案的生成

1. 方案可行域

根据各规划水平年的需水预测、供水预测、节约用水与水资源保护等成果，以供水预测的零方案和需水预测的基本方案相结合作为方案集的下限；以供水预测的高方案和需水预测的强化节水方案相结合作为方案集的上限。方案集上、下限之间为方案集的可行域。

方案设置在方案集可行域内，针对不同流域或不同区域存在的供需矛盾等问题，如工程性缺水、资源性缺水和环境性缺水等，结合现实可能的投资状况，以方案集的下限为基础，逐渐加大投入，逐次增加边际成本最小的供水与节水措施，提出具有代表性、方向性的方案，并进行初步筛选，形成水资源供需分析计算方案集。方案的设置应依据流域或区域的社会、经济、生态和环境方面的具体情况有针对性地选取增大供水、加强节水等各种措施组合。如对于资源性缺水地区可以偏重于采用加大节水以及扩大其他水源利用量的措施，提高用水效率和效益；对于水资源丰沛的工程性缺水地区，可侧重加大供水投入；对于因水质较差而引起的环境性缺水，可侧重加大水处理或污水处理回用的措施和节水措施。可以考虑各种可能获得的不同投资水平，在每种投资水平下根据不同侧重点的措施组合得到不同方案，但对加大各种供水、节水和水处理、治污力度时所得方案的投资需求应与可能的投入大致相等。

2. 方案调整

在水资源供需分析及其计算方案比选过程中，应根据实际情况对原设置的方案进行合理调整，并在此基础上继续进行相应的供需分析计算，通过反馈最终得到较为合理的推荐方案。方案调整时，应依据计算结果，将明显存在较多缺陷的方案予以淘汰；对存在某些不合理因素的方案可给予一定有针对性的修改。修改后的新方案再进行供需分析计算，若结果仍有明显不合理之处，则通过反馈再进行调整计算。

（三）水资源合理配置模型及其求解

水资源系统是一个复杂而又庞大的系统。在人类活动未触及之前，它是一个天然系统，其降水补给、产流、汇流、径流过程以及地表水与地下水转化等作用都是按照自然规律来进行的。此时的水资源系统是一个自然的水循环过程。而在人类活动的逐步影响作用下，水资源系统（包括水资源系统结构、径流过程以及作用机理等）被人为地改变了，这就使得原来的水资源系统更加复杂了。

按照水资源系统过程，可将其分为水资源配置系统和水资源循环系统。

水资源配置系统以人类的水事活动为主体，是自然、社会诸多过程交织在一起的统一体，沟通了自然的水资源系统与经济社会系统之间的联系。水资源配置系统一般由四部分组成：①供水系统，包括地表水供水系统，地下水供水系统和其他水源供水系统；②输水系统，包括输水河道、输水渠道、输水管道等；③用水系统，包括生活用水、农业用水、工业用水与生态用水等；④排水系统，包括生活污水排放、工业废水排放、农业灌溉排水及其他排水等。

水资源循环系统以生态系统为主体，包括水资源的形成、转化等过程，是水资源系统能够为人类提供持续不断的水资源的客观原因。

水资源合理配置就是运用系统工程理论，将区域或流域水资源在不同规划水平年各子区、各用水部门间进行合理分配，也就是要建立一个有目标函数、有约束的优化模型。

首先，需要划分子区、确定水源途径、用水部门。其次，要确定模型的目标。通常情况下，水资源合理配置模型追求社会、经济和环境综合效益协调最优。根据目标函数建立方法的不同，可以分为多目标模型和单目标模型。最后，列出模型的所有约束条件。

三、水资源规划方案的比选与制订

规划方案的比选与制订是水资源规划工作的最终要求，规划方案多种多样，每个方案都会产生自己的效益，方案之间效益不同，优缺点也各异，到底采用哪种方案，一般需要结合实际情况经综合分析来确定。因此，水资源规划方案比选与制订是一项十分重要而又复杂的工作，在比选与制订过程中，应考虑满足以下基本要求：

第一，必须满足技术可行的要求。水资源规划方案中，规划了许多工程措施，这些工程只有在技术得以保障实施的条件下，才可以达到规划方案的效益。如有部分工程在技术上不可行，导致实施困难或不可实施，就会影响规划方案的整体效益，使规划方案得不到完全实施。

第二，必须满足经济可行的要求。水资源规划方案中，工程的实施需要经济条件的保障，工程投资过大，超过区域经济可承受能力，就会导致工程得不到实施。因此，必须将工程投资限定在区域经济可承受范围之内。

第三，规划方案应能满足不同发展阶段经济发展的需要。在制订水资源规划方案时，应针对地区实际情况和具体问题采取相应的措施。如对于工程性缺水，则主要解决工程问题，最大限度地把水资源转化为生产部门可以利用的可供水源；对于资源性缺水，则主要解决资源问题，可实施跨流域调水工程等，以增加本区域的水资源量。

第四，要协调好水资源系统空间分布与水资源合理配置空间不协调之间的矛盾。水资源系统在空间上的分布随区域地形、地貌、水文地质及水文气象等条件的变化而变化，并有较大的差异，而区域经济的发展状况多与水资源系统的空间分布不相一致。因此，在进行水资源合理配置时，必然会出现两者不协调的矛盾，这就要求在制订水资源规划方案时应予以考虑。

只有在满足上述基本要求后，制订出的水资源规划方案才合理可行。但规划方案不止一个，而是有很多个方案，这些方案都满足上述条件，都是合理可行的。因此，需要在这些方案之中选择一个较优方案，到底选择哪一个，需要认真分析和研究。选择较优方案的途径主要是通过建立和求解水资源合理配置模型，最后从合理可行的众多方案中选择综合效益最大的方案。

水资源规划的研究内容广泛，最终的规划方案涉及众多方面的内容，总结起来，制订的规划方案应该涉及社会发展规模、经济结构调整与发展速度、水资源配置方案、水资源保护规划等方面。

（一）社会发展规模

水资源规划不仅仅针对水资源系统本身，实际上还涉及社会、经济、环境等多方面。在以往的流域规划中，常常要求对规划流域和有关地区的经济社会发展与生产力布局进行分析预测，明确各方面发展对流域治理开发的要求，以此作为确定规划任务的基本依据。不同规划水平年的经济社会发展预测应在国家和地区国土资源规划、国民经济发展规划和有关行业中长期发展规划的基础上进行。要求符合地区实际情况，并与国家对规划地区的治理开发要求和政策相适应。简单地讲，也就是在制订水资源规划方案时，考虑规划区域经济社会发展规划，以适应经济社会发展的需求。

而实际上却并非如此简单，经济社会发展与水资源利用、生态系统保护之间相互交叉、相互促进、互为因果。需要通过水资源优化配置模型来制订一个涉及社会、经济、水资源、生态的系统方案。

1. 人口规划

人口是构成一个地区或一个社会的根本因素，也可以说，人口是研究任何一个地区或社会所有问题的一个非常重要的驱动因子。因此，人口规划是社会发展规划中的一个基础性工作。

在水资源规划中，适度控制人口增长，不仅可以减小社会发展对水资源产生的压力，而且会促进区域经济社会的可持续发展和改善环境质量。

人口规划，是以水资源规划的前期工作——经济社会发展预测成果为基础，根据水资源配置方案的要求，对经济社会发展预测成果进行合理调整，从而制订合理的人口规划。另外，也可以通过水资源优化配置模型直接得到。这种方法是依据一定的人口预测模型，并在一定约束条件下，满足经济社会可持续发展的目标要求和条件约束。也就是说，在水资源优化配置模型中，包括人口预测子模型，通过模型求解得到人口发展规划方案。

2. 农村发展规划

农村是经济社会区域内农业占主要地位的活动场所，在经济活动中，它是构成国民经济第一产业的主要部分。农村发展规划的主要内容有农业生产布局、农村土地利用和农业区划、农村乡镇企业规划。

3. 城镇发展规划

城市作为人口和经济高度集中的地区，在整个经济社会发展中起到了重要作用。研究城市的发展趋势并做好城市发展规划工作，将带动整个区域经济的发展。因此，城镇发展规划是一项十分重要的工作，主要内容包括城市化进程、城市土地利用和城市体系建设。

（二）经济结构调整与发展速度

我国已经根据社会生产活动的历史发展顺序，划分出三类产业，即第一产业（农业）、第二产业（工业和建筑业）和第三产业。

第一产业：农业。农业作为基础生产力，不仅是农村生活的保障，而且是广大城镇人民所需粮食、蔬菜等基本生活资料的来源，是社会生活安定的基本保障。农业又是工业原料的重要来源，也是国民经济积累的重要来源。

第二产业：工业和建筑业。工业是国民经济的支柱，是国家财政的主要来源，是国民经济综合实力的标志。建筑业创造不可移动的物质产品，可以带动建材工业及其他许多相关产业的增长，是今后相当长时间内我国经济发展的重要增长点。

第三产业：第一、第二产业以外的其他部门。第三产业为物质生产部门提供支持，为提高人民生活质量提供服务，为经济发展提供良好的社会环境，是国民经济中越来越重要的组成部分。

在进行水资源规划时，需要按照国家编制的统计资料，并结合地区和行业的不同特点，可以重新对行业进行归并和划分，分别统计分析，以满足用水行业配水的要求。

对于水资源规划工作，最终报告要提出的关于经济规划部分的相关成果，至少要包括以下内容：

1. 对三类产业的总体规划

主要确定三类产业在国民经济建设中的比重，指出重点发展哪些产业、重点扶持哪些产业。明确三类产业的总体布局和结构，实现经济结构合理的发展模式。

2. 对各行业发展速度进行宏观调控

对部分行业或部门（如对低耗水、低污染行业）进行重点支持，合理提高发展速度；对部分行业或部门（如对高耗水、高污染行业）实行限制发展或取消，以逐步适应发展需要。例如，在有些生态系统破坏严重的地区，要限制农业耕作面积的扩大，甚至要求退耕还林还草；而有些行业又要鼓励加强，如旅游业，特别是生态旅游在许多地区很受欢迎。

调整经济结构和发展速度的基础，应是在水资源规划总体框架下，通过水资源优化配置，在一定约束条件下，满足社会、经济、环境综合效益最大的目标。因此，调整经济结构和发展速度规划的一般步骤是：①合理划分经济结构体系，也就是产业类型及行业划分，并分别统计和分析，作为选择水资源规划模型决策变量的依据，这也是调整经济结构和发展速度的参考因素；②建立经济发展模型，并与社会发展模型相耦合，建立经济社会发展预测模型。作为系统结构关系约束条件，嵌入水资源优化配置模型中；③依据水资源优化配置模型的求解结果，按照经济系统的决策变量，并参考本地区国民经济和社会发展计划，合理调整经济结构和各行业发展规模和速度。

（三）水资源配置方案

水资源配置方案的确定，是水资源规划的中心内容。一方面，其内容是为水资源配置方案的选择及制定服务；另一方面，又通过水资源配置方案的制订来间接调控经济社会发展和生态系统保护。这是可持续发展目标下的水资源规划研究思路，与以往的水资源规划有所不同。

制订水资源配置方案的基础模型，其基本的研究思路和过程介绍如下：①根据研究区的实际情况，制订水资源规划的依据、具体任务、目标和指导思想，重点要体现可持续发展的思想；②了解经济社会发展现状和发展趋势，建立由经济社会主要指标构成的经济社会发展预测模型，对未来不同规划水平年的发展状况进行科学预测；③分析研究区水资源数量、水资源质量和可供水资源量，并建立水量水质模型，以作为研究的基础模型；④建立水资源合理配置模型，经济社会发展预测模型、水量水质模型均应包括在水资源优化配置模型中；⑤通过合理配置模型的求解和优化方案的比选，来制订水资源规划的具体内容。

制订水资源配置方案是水资源规划的重要工作。它应该是在水资源优化配置模型的基础上，结合研究区实际，制订分区、分行业、分部门、分时段（根据解决问题的深度不同来选择详细程度）的配置方案。

（四）水资源保护规划

由于人类不合理地开发利用水资源，在水资源保护问题上重视不够，导致目前水资源问题十分突出。就是在这种情况下，人们不得不开始重视水资源的保护工作，也使水资源保护规划工作从开始重视到逐步实施，以至于目前成为水资源规划必不可少的一部分。

总体来看，水资源保护规划是在调查、分析河流、湖泊、水库等水体中污染源分布、排放现状的基础上，与水文状况和水资源开发利用情况相联系，利用水量水质模型，探索水质变化规律，评价水质现状和趋势，预测各规划水平年的水质状况，划定水功能区范围及水质标准，按照功能要求制定环境目标，计算水环境容量和与之相对应的污染物消减量，并分配到有关河段、地区、城镇，对污染物排放实行总量控制。同时，根据流域（或区域）各规划水平年预测的供水量和需水量，计算实施水资源保护所需要的生态需水量，最终提出符合流域（或区域）经济社会发展的综合防治措施。

水资源保护规划的目的在于保护水质，合理地利用水资源，通过规划提出各种措施与途径，使水体不受污染，以免影响水资源的正常用途，从而保证满足水体主要功能对水质的要求，并合理、充分地发挥水体的多功能用途。

进行规划时，必须先了解被规划水体的种类、范围、使用要求和规划的任务等，并把水资源保护目标纳入到水资源优化配置模型中，再通过配置模型的求解和优化方案的选择，可以得到水资源保护规划的具体方案，从而制订水资源保护规划。

第六章 水资源开发利用工程

第一节　地表水资源开发利用工程

一、引水工程

引水工程是借重力作用把水资源从源地输送到用户的措施。近年来，人类社会为了满足经济发展和社会进步的需求，许多国家积极发展水利事业，通过引水工程解决水资源匮乏以及水资源分配不均的问题。引水工程是为了满足缺水地区的用水需求，对水资源进行重新分配，从水量丰富的区域转移到水资源匮乏区域，能够有效地解决水资源地区分布不均和供需矛盾等问题，对水资源匮乏地区的发展和水资源综合开发利用具有重要意义。引水工程不仅能够缓解水资源匮乏地区的用水矛盾，而且改善了人们的生产以及生活条件，同时促进了当地经济社会的快速发展。然而，在引水工程带来可观的经济效益和社会效益的同时，其建设期和项目实施后也引起了不同程度的生态环境负面影响。

任何事物都是有利有弊的。在对水资源进行人工干预后，不仅会使河流水量发生变化，也会对河流的水位、泥沙等水文情势产生巨大影响。如果工程范围内存在污染源，或者输水沿线外界污染源进入输水管道，就有可能对受水区的水质造成污染。在取水口下游，减水河段可能呈现断流状态，水生生物的栖息地受到破坏，局部生态系统会由水生转变为陆生，就会极大地削弱河流自净能力，从而加重河流污染等。

（一）国内外引水工程概况

引水工程始建于 20 世纪 50 年代，主要用于城市生活、农业灌溉、改善环境以及航运。

我国水利工程历史悠久，据记载，最早的水利工程建于公元前 5000 年前。我国历史上著名的引水工程有灵渠工程、都江堰工程、郑国渠工程、京杭大运河工程等。新中国成立后，又有一大批引水工程先后建成，例如红旗渠、引滦入津、引黄济青、黄河万家寨、南水北调工程等。

（二）长距离引水工程

长距离引水是一项引水距离相对较远、供水流量相对较大、供水历时相对较长的引水工程。长距离引水工程中会遇到的主要问题有：水源的取水口的选择，引水管线路径的选择，引水管材的选择，整体工程经济效益的考察，沿途生态环境的影响，引水水质、水量的变化等。

1. 水源污染

长距离引水工程中，水源水质是引水工程的基础。我国幅员辽阔，各地根据自身情况决定用水水源。水源按其存在形式一般可分为地表水源和地下水源两大类；而饮用水水源主要采用地表水源。

江河水是地表水的主要水源。由于江河水主要来源于雨雪，受地理位置和季节的影响很大。水质方面与地下水有截然不同的特点，水中杂质含量较高，浊度高于地下水。河水的卫生条件受环境的影响很大。一般来讲，河流上游水质较好，下游水质较差，流量大时，污染物得到稀释，水质稍好，流量越小，水质越差。水的温度季节性变化很大。用地表水做水源，一般都须经过混凝、沉淀、过滤等处理，污染严重的还要进行深度处理。但地表水的矿化度、硬度以及铁猛的含量一般较低。

湖泊和水库水体大，水量充足，流动性小，停留时间长，水中营养成分高，浮游生物和藻类多，不利于水质处理，蒸发量大，使水体浓缩，因而含盐量高于江河水。沉淀作用明显，浊度较江河水低，水质、水量稳定。

2. 季节性水质威胁

自 20 世纪 70 年代以来，包括中国在内的许多国家都发生过湖泊水质在短短几天内严重恶化、水体发黑发臭、大量鱼类死亡的现象。中国北京、贵州、广东和湖北等地都先后发生这种现象发生。这种现象的实质是沉积物生物氧化作用对水质变化的影响，这种突发性水质恶化现象称为湖泊黑潮。科学家研究表明，湖泊黑潮现象往往发生在秋季。入秋后，沉降于湖底的有机质在微生物的作用下发生分解，湖底处于缺氧状态，出现 pH 值降低、亚硝酸盐浓度增高的状态。恶性循环进一步导致水体缺氧加剧，硫化物的扩散使水体变黑发臭。当气温骤然下降，湖泊上层水温低于湖底水温，导致沉积物微粒再悬浮作用，加剧水质恶化。随着水体耗氧与复氧过程的平衡和水流输送，水质可望在一段时期（如 2～3 个月）内得到好转。在湖泊水质变化的自然过程中，人类对水体的干扰，如工业污染物和生活污染物的排放促成了湖泊黑潮的产生。

3. 现有水源水量保障能力不足

水资源是城市的基础性自然资源，也是支撑城市发展的战略性资源。对于城市来讲，附近流域内水源和地下水是保障城市供水的主要水资源，是保障城市建设和发展战略的重要组成部分。我国南方降雨频繁，河水水量充沛，北方雨水少，河水流量冬夏相差很大，旱季许多河流断流，严寒地带，冬季河流封冻，引水和取水困难。部分城市由于连续干旱少雨，使流域内水源出现断流和地下水长期处于超采状态，应急水源地超限运行，供水能力持续下降，地下水资源的战略储备明显不足，无论是在水资源安全保障性，还是水资源开发保护程度方面，与水量充沛的城市相比，还存在较大差距；同时流域河流断流和地下水位持续下降还带来一系列生态环境问题。因此，根据城市水资源的现实状况，应给予高度重视，有针对性地开展长距离引水的水资源储备研究工作，提高水资源的支撑能力和改善生态环境。

二、蓄水工程

（一）蓄水工程

1. 拦河引水工程

按一定的设计标准，选择有利的河势，利用有效的汇水条件，在河道软基上修建低水头拦河溢流坝，通过拦河坝将天然降水产生的径流汇集并抬高水位，为农业灌溉和居民生活用水提供保障的集水工程。

2. 塘坝工程

按一定的设计标准，利用有利的地形条件、汇水区域，通过挡水坝将自然降水产生的径流存起来的集水工程。拦水坝可采用均质坝，并进行必要的防渗处理和迎水坡的防浪处理，为受水地区和村屯供水。

3. 方塘工程

按一定的设计标准，在地表下与地下水转换关系密切的地区截集天然降水的集水工程。为增强方塘的集水能力，必要时要附设天然或人工的集雨场，加大方塘集水的富集程度。

4. 大口井工程

建设在地下水与天然降水转换关系密切地区的取水工程，也是集水工程的一个组成部分。

（二）蓄水灌溉工程

调蓄河水及地面径流以灌溉农田的水利工程设施，包括水库和塘堰。当河川径流与灌溉用水在时间和水量分配上不相适应时，需要选择适宜的地点修筑水库、塘堰和水坝等蓄水工程。

蓄水工程分水库和塘堰两种。中国规定蓄水库容积标准：库容大于 1 亿 m^3 的为大型水库；0.1 亿~1 亿 m^3 的为中型水库；小于 0.1 亿 m^3 的为小型水库。大型水库又分为两类：库容大于 10 亿 m^3 的为大 Ⅰ 型水库，库容在 1 亿~10 亿 m^3 为大 Ⅱ 型水库。小型水库也分成两类：库容在 100 万~1000 万 m^3 的为小 Ⅰ 型水库；10 万~100 万 m^3 的为小 Ⅱ 型水库；小于 10 万 m^3 的为塘堰。

1. 水库

有单用途的，如灌溉水库、防洪水库；有多用途的，即兼有灌溉、发电、防洪、航运、渔业、城市及工业供水、环境保护等（或其中几种）综合利用的水库。

水利枢纽工程一般由水坝、泄水建筑物和取水建筑物等组成。水坝是挡水建筑物，用于拦截河流、调蓄洪水、抬高水位以形成蓄水库。泄水建筑物是把多余水量下泄，以保证水坝安全的建筑物，有河岸溢洪道、泄水孔、溢流坝等形式。取水建筑物是从水库取水，供灌区灌溉、发电及其他用水需要，有时还用来放空水库和施工导流。放水管一般设在水坝底部，装有闸门以控制放水流量。

库址选择要考虑地形条件、水文地质条件和经济效益等。坝址谷口尽量狭窄、库区平坦开阔、集水面积大，则可以使较小的工程量获得较大的库容。此外，还要综合考虑枢纽布置及施工条件，如土石坝的坝址附近要有高程适当的鞍形垭口，以便布设河岸溢洪道。坝基和大坝两端山坡的地质条件要好，岩基要有足够的强度、抗水性（不溶解、不软化）和整体性不能有大的裂隙、溶洞、风化破碎带、断层及沿层面滑动等不良地质条件。非岩基也要求有足够的承载能力、土层均匀、压缩性小、没有软弱的或易被水流冲刷的夹层存在。坝址附近要有足够可供开采的土、砂、石料等建筑材料和较开阔的堆放场地等。水库的集水面积和灌溉面积的比例应适当，并接近灌区，以节省渠系工程量和减少渠道输水损失。此外，还要尽可能考虑水库的多种功能，以便取得较高的综合效益。

从山谷水库引水灌溉的方式有以下三种：

（1）坝上游引水

通过输水洞将库水直接引入灌溉干渠，或在水库的适宜地点修建引水渠首枢纽。

（2）坝下游引水

将库水先放入河道，再在靠近灌区的适当位置修筑渠首工程，将水引入灌区。适用于灌区距水库较远的地方。

（3）坝上游提水灌溉，在蓄水后再由提水设备将水输入灌溉干渠

平原水库，即在平原洼地筑堤建闸，拦蓄河道及地表径流，以蓄水灌溉或蓄滞洪水。有的还可用于生活供水和养殖。

2. 塘堰

主要拦蓄当地地表径流。对地形和地质条件的要求较低，修建和管理均较方便，可直接放水入地。塘堰广泛分布在南方丘陵山区。

三、输水工程

（一）输水管道

从水库、调压室、前池向水轮机或由水泵向高处送水，以及埋设在土石坝坝体底部、地面下或露天设置的过水管道，可用于灌溉、水力发电、城镇供水、排水、排放泥沙、放空水库、施工导流配合溢洪道宣泄洪水等。其中，向水轮机或向高处送水的管道，因其承受较大的内水压力，故称压力水管；埋设在土石坝底部的管道，称为坝下埋管；埋在地下的管道，称为暗管或暗渠。

坝下埋管由进口段（进水口）、管身和出口段三部分组成。管内水流可以是具有自由水面的无压流，也可是充满水管的有压流。进口段可采用塔式或斜坡式，内设闸门等控制设备。无压埋管常用圆拱直墙式，由混凝土或浆砌石建造；有压埋管多为圆形钢筋混凝土管。进口高程根据运用要求确定。除用于引水发电的埋管，管后接压力水管外，其他用途的坝下埋管出口均须设置消能防冲设施。埋管的断面尺寸取决于运用要求和水流形态：对有压管，可根据设计流量和上下游水位，按管流计算，并保证洞顶有一定的压力余幅；对无压管，可根据进口压力段前后的水位，按孔口出流计算过流能力，洞内水面线由明渠恒定非均匀流公式计算。管壁厚度按埋置方式（沟埋式、上埋式或廊道式），经计算并参考类似工程确定。

长距离输水工程，管材的选择至关重要，它既是保证供水系统安全的关键，又是决定工程造价和运行经费所在。目前，国内用于输水的管道，主要有钢管、球墨铸铁管、预应力钢筒混凝土管（PCCP）和夹砂玻璃钢管。具体表现在：

1. 预应力钢筒混凝土管（PCCP 管）

PCCP 管兼有钢管和钢筋混凝土管的优点，造价比钢管低，可以承受较高的工作压力

和外部荷载，接口采用钢板冷加工成型，加工精度高。采用双橡胶圈，密封性能好，接口较为简单，在每根管插口的密封圈之间留有试压接口，调试方便，使用寿命长。

缺点：

（1）重量大，质地脆，切凿困难，施工难度相对较大。

（2）最大偏转角为 1.5°，因此，PCCP 管对地形适应能力差。

（3）PCCP 管壁厚远大于钢管，其采用柔性接口连接，对基础及回填土要求较高。

（4）PCCP 管由于单节重量大，安装时对吊装设备要求高，工作面宽度要求比钢管宽，且受周边环境影响较大，不如钢管安装灵活。

（5）承插口钢圈比较容易产生腐蚀，因此，使用前必须做好防腐处理。

2. 球墨铸铁管

球墨铸铁管是 20 世纪 50 年代发展起来的新型管材，具有较高的强度和延伸率，其机械性能可以和钢管媲美，抗腐性能又大大超过钢管，采用型滑入式连接，也可做法兰连接，施工安装方便。

缺点：

（1）球墨铸铁管比钢管壁厚约 1.5～2 倍，单位长度造价比较高，连接方式比较复杂，笨重。

（2）对地形的适应能力相对钢管差一些，需要做牢砂垫层的铺设等基础工作。

（3）球墨铸铁管在 DN500～1200 区间价格比 TPEP 防腐钢管价格高。

3. 夹砂玻璃钢管

优点是材料强度高，密封性好。重量轻，管道内壁光滑，相应水头损失小，具有良好的防腐性，管道维修方便快捷。特别是由于管道轻，安装时不需要大型起吊设备，在现场建厂时间短且费用低。

缺点是管道为柔性管道，抗外压能力相对较差，对沟槽回填要求高，回填料应是粗粒土，回填料的压实度应达到 95%，该管材多用于压力较低的给排水领域。由于耐压低，夹砂玻璃钢管用量及用途有限。另外，压力大于 1.0MPa 价格相对较高。

4. TPEP 防腐钢管

优点是：

（1）结合钢管的机械强度和塑料的耐蚀性于一体，外壁 3PE 涂层厚度 2.5～4mm 耐腐蚀耐磕碰。

（2）内壁摩阻系数小，为 0.0081～0.091，输送同等流量可以降低一个口径级别。

（3）内壁达到国家卫生标准，光滑不易结垢，具有自清洁功能。

（4）TPEP 防腐钢管是涂塑钢管的第四代防腐产品，防腐性能强，自动化程度高，综合成本低。

缺点：施工比较慢，焊接要求较高。

任何一种产品都不是十全十美的，都各有利弊，因此，在对输水管道进行选材时必须考虑地质条件、土壤及其周边环境、防腐要求以及投资成本和运行成本等方面的原则。

坝下埋管在中小型灌溉工程中应用较多。引水发电的坝下埋管，多用廊道式，压力管道位于廊道内，廊道只承受填土和外水压力。这种布置方式可避免内水外渗，影响坝体安全，并便于检查和维修。廊道在施工期还可用来导流。中国河北省岳城水库采用坝下埋管泄洪和灌溉，总泄量达 $4200\mathrm{m^3/s}$。

埋设在地面下的输水管道可以是由混凝土、钢筋混凝土（包括预应力钢筋混凝土）、钢材、石棉、水泥、塑料等材料做成的圆管，也可以是由浆砌石、混凝土或钢筋混凝土做成的断面为矩形、圆拱直墙形或箱形的管道。圆管多用于有压管道，矩形和圆拱直墙形用于无压管道，箱形可用于无压或低压管道。

埋没在地下用于灌溉或供水的暗渠与开敞式的明渠相比，具有占地少，渗漏、蒸发损失小，减少污染，管理养护工作量小等优点，但所用建筑材料多，施工技术复杂，造价高，适用于人多地少、水源不足、渠线通过城市或地面不宜为明渠占用的地区。为便于管理，对较长的暗渠可以分段控制，沿线设通气孔和检查孔。在南水北调中大口径 2m 以上采用的是 PCCP 管，发挥了 PCCP 的大口径管造价及性能高的优势，低于 1.2m 的采用的是 TPEP 防腐钢管（外 3PE 内熔结环氧防腐钢管），主要是针对地形复杂、压力较高的路段，发挥了钢管的机械强度和防腐材料的耐蚀性，在 500～1200 区别的口径，性价比高。

（二）输水建筑物

输水建筑物是指连接上下游引输水设置的水工建筑物的总称。当引输水至下游河渠，引水建筑物即输水建筑物。当引输水至水电厂发电，则输水建筑物包括引水建筑物和尾水建筑物。

输水建筑物是把水从取水处送到用水处的建筑物，它和取水建筑物是不可分割的。

输水建筑物可以按结构型式分为开敞式和封闭式两类，也可按水流形态分为无压输水和有压输水两种。最常用的开敞式输水建筑物是渠道，自然它只能是无压明流。封闭式输水建筑物有隧洞及各种管道（埋于坝内的或者露天的），既可以是有压的，也可以是无压的。

输水建筑物除应满足安全、可靠、经济等一般要求外，还应保证足够大的输水能力和尽可能小的水头损失。

输水建筑物在运用前、运用中和运用后均可能因设计、施工和管理中的失误，或因混凝土结构缺陷、基础地质缺陷以及随时间的推移，导致其引水隧洞、输水涵管和渠道等产生不同程度的劣化，故及时检查、养护和修理以防患于未然就成为水工程病害处理的重要内容。

输水建筑物分明流输水建筑物和压力输水建筑物两大类。

1. 明流输水建筑物

明流输水建筑物有多种用途，包括供水、灌溉、发电、通航、排水、过鱼、综合等，按其水流流态有稳定与不稳定之分；按其结构形式有渠道、隧洞、高架水槽、坡道水槽、坡道上无压水管、渡槽、倒虹吸管等多种形式。

渠道是明流输水建筑物中最常用的一种，渠侧边坡是否稳定是关注的重点之一。控制渠道漏水也是渠道修建中的重要问题，水槽用于山区陡坡、地质条件不良的情况，或因修建渠道造价很高而用之。放在地面上的称座槽，架在栈桥上的为高架水槽。

隧洞是另一种应用广泛的明流输出建筑物。隧洞的断面形式与所经地区的工程地质条件密切相关。坚固稳定岩体中的明流输水隧洞可不用衬砌，必要时采用锚杆加固或喷混凝土护面。有的为减少糙率和防渗对洞壁做衬砌；有的为支承拱顶山岩压力，只对拱顶衬砌；有的则全部衬砌。

明流水管也可作为明流输水道的组成部分，一般用钢筋混凝土制成。

渡槽是一种用于跨越河流或深山谷所用的输水建筑物。一般布置在地质条件良好、地形条件有利的地段。大型渡槽的支承桥常采用拱桥。

倒虹吸管是另一种跨越式输水建筑物，也布置在地质条件良好、河谷岸坡稳定、地形有利的地段。

明流输水道上还设置有一些用于调节流量的建筑物，如节水闸和分水闸、溢水堰和泄水闸、排水闸等。

2. 压力输水建筑物

压力输出建筑物用于水力发电、供水、灌溉工程。其运行特点是满流、承压，其水力坡线高于无压输水建筑物。

压力输水建筑物有管道和隧洞两种形式。管道按其材料有钢管、钢筋混凝土管、木管等。安放在地面上的管道叫明管，埋入地下的称埋管。压力隧洞一般为深埋，上有足够的覆盖岩层厚度，并选在地质条件比较好、山岩压力较小的地区。

压力输水建筑物承受的基本荷载有建筑物自重、水重、管内式洞内的静水压力、动水压力、水击压力、调压室内水位波动产生的水压力、转弯处的动水压力、隧洞衬砌上的山岩压力及温度荷载。特殊荷载有水库或前池最高蓄水位时的静水压力、地震荷载等。

压力隧洞从结构形式上分为无衬砌（包括采用喷锚加固的）、混凝土衬砌、钢筋混凝土衬砌、钢板衬砌等几种；从承受的内水压力水头来看，可分为低压隧洞和高压隧洞。

坝内埋钢管在坝后式电站中经常采用。一般有三种布置方式：管轴线与坝下游面近于平行、平式或平斜式、坝后背管。钢管一般外围混凝土。

四、扬水工程

（一）水泵

水泵是输送液体或使液体增压的机械。它将原动机的机械能或其他外部能量传送给液体，使液体能量增加，主要用来输送液体，包括水、油、酸碱液、乳化液、悬乳液和液态金属等。

也可输送液体、气体混合物以及含悬浮固体物的液体。水泵性能的技术参数有流量、吸程、扬程、轴功率、水功率、效率等；根据不同的工作原理可分为容积水泵、叶片泵等类型。容积泵是利用其工作室容积的变化来传递能量；叶片泵是利用回转叶片与水的相互作用来传递能量，有离心泵、轴流泵和混流泵等类型。

1. 离心泵

水泵开动前，先将泵和进水管灌满水，水泵运转后，在叶轮高速旋转而产生的离心力的作用下，叶轮流道里的水被甩向四周，压入蜗壳，叶轮入口形成真空，水池的水在外界大气压力下沿吸水管被吸入补充了这个空间，继而吸入的水又被叶轮甩出经蜗壳而进入出水管。由此可见，若离心泵叶轮不断旋转，则可连续吸水、压水，水便可源源不断地从低处扬到高处或远方。综上所述，离心泵是由于在叶轮的高速旋转所产生的离心力的作用下，将水提向高处的，故称离心泵。

离心泵的一般特点为：

（1）水沿离心泵的流经方向是沿叶轮的轴向吸入，垂直于轴向流出，即进出水流方向互成90°。

（2）由于离心泵靠叶轮进口形成真空吸水，因此，在起动前必须向泵内和吸水管内灌注引水，或用真空泵抽气，以排出空气形成真空，而且泵壳和吸水管路必须严格密封，不得漏气，否则形不成真空，也就吸不上水来。

（3）由于叶轮进口不可能形成绝对真空，因此，离心泵吸水高度不能超过10m，加上水流经吸水管路带来的沿程损失，实际允许安装高度（水泵轴线距吸入水面的高度）远小于10m。如安装过高，则不吸水；此外，由于山区比平原大气压力低，因此，同一台水泵在山区，特别是在高山区安装时，其安装高度应降低，否则也不能吸上水来。

2. 轴流泵

轴流泵与离心泵的工作原理不同，它主要是利用叶轮的高速旋转所产生的推力提水。轴流泵叶片旋转时对水所产生的升力，可把水从下方推到上方。

轴流泵的叶片一般浸没在被吸水源的水池中。由于叶轮高速旋转，在叶片产生的升力作用下，连续不断地将水向上推压，使水沿出水管流出。叶轮不断旋转，水也就被连续压送到高处。

轴流泵的一般特点：

（1）水在轴流泵的流经方向是沿叶轮的轴向吸入、轴向流出，因此称轴流泵。

（2）扬程低（1～13m）、流量大、效益高，适于平原、湖区、河区排灌。

（3）起动前不须灌水，操作简单。

3. 混流泵

由于混流泵的叶轮形状介于离心泵叶轮和轴流泵叶轮之间，因此，混流泵的工作原理既有离心力又有升力，靠两者的综合作用，水则以与轴组成一定角度流出叶轮，通过蜗壳室和管路把水提向高处。

混流泵的一般特点：

（1）混流泵与离心泵相比，扬程较低，流量较大；与轴流泵相比，扬程较高，流量较低。适用于平原、湖区排灌。

（2）水沿混流泵的流经方向与叶轮轴成一定角度而吸入和流出，故又称斜流泵。

（二）泵站

泵站是能提供有一定压力和流量的液压动力和气压动力的装置和工程称泵和泵站工程，是排灌泵站的进水、出水、泵房等建筑物的总称。

1. 污水泵站

污水泵站是污水系统的重要组成部分，特点是水流连续，水流较小，但变化幅度大，水中污染物含量多。因此，设计时集水池要有足够的调蓄容积，并应考虑备用泵。此外，设计时应尽量减少对环境的污染，站内要提供较好的管理、检修条件。污水泵站分为两种：

（1）就是设置于污水管道系统中，用以抽升城市污水的泵站。作用就是提升污水的高程，因为污水管不像给水管（自来水），是没有压力的，靠污水自身的重力自流的，由于城市截污网管收集的污水面积较广，离污水处理厂距离较远，不可能将管道埋地很深，所以，需要设置泵站，提升污水的高程。

（2）就是设置于污水处理厂内用来提升污水的泵站，作用是为后续的工艺提供水流动力。一般来说，污水提升的高度是从污水处理后排放的尾水的高程，减去水头损失，倒推计算出来的。

2. 雨水泵站

雨水泵站是指设置于雨水管道系统中或城市低洼地带，用以排除城区雨水的泵站。雨水泵站不仅可以防积水，还可供水。

第二节　地下水资源开发利用工程

一、管井

是井径较小，井深较大，汲取深层或浅层地下水的取水建筑物。打入承压含水层的管井，如水头高出地面时，又称自流井。

管井是垂直安置在地下的取水或保护地下水的管状构筑物，是工农业生产、城市、交通、国防建设的一种给排水设施。

（一）管井种类

按用途，管井可分为供水井、排水井、回灌井。按地下水的类型，管井可分为压力水井（承压水井）和无压力水井（潜水井）。地下水能自动喷出地表的压力水井称为自流井。按井是否穿透含水层，管井可分为完整井和非完整井。

（二）管井结构

管井由井口、井壁管、滤水管和沉沙管等部分组成。管井的井口外围，用不透水材料封闭，自流井井口周围铺压碎石并浇灌混凝土。井壁可使用钢管、铸铁管、钢筋混凝土管或塑料管等。钢管适用的井深范围较大；铸铁管一般适于井深不超过 250m；钢筋混凝土管一般用于井深 200～300m；塑料管可用于井深 200m 以上。井壁管与过滤器连成管柱，垂直安装在井孔当中。井壁管安装在非含水层处，过滤器安装在含水层的采水段。在管柱与孔壁间环状间隙中的含水层段填入经过筛选的砾石，在砾石上部非含水层段或计划封闭的含水层段，填入黏土、黏土球或水泥等止水物。

（三）管井设计

管井设计包括井深、开孔和终孔直径、井管及过滤器的种类、规格、安装的位置及止水、封井等。井深决定于开采含水层的埋藏深度和所用抽水设备的要求。开孔和终孔直径，根据安装抽水设备部位的井管直径、设计安装过滤器的直径及人工填料的厚度而定。井管和过滤器的种类、规格、安装的位置，沉淀管的长度和井底类型，主要根据当地水文地质条件，并按照设计的出水量、水质等要求决定。井管直径须根据选用的抽水设备类型、规格而定。常用的井管有无缝钢管，钢板卷焊管，铸铁管，石棉水泥管，聚氯乙烯、聚丙烯塑料管，水泥管，玻璃钢管等。止水、封井取决于对水质的要求，不良水源的位置和渗透、污染的可能性。设计中须规定止水、封井的位置和方法及其所用材料的质量。

第四纪松散层取水管井设计在高压含水层、粗砂以上的取水层，以及某些极破碎的基岩层水井中，可采用缠丝过滤器或包网过滤器。中砂、细砂、粉砂层，可采用由金属或非金属的管状骨架缠金属丝或非金属丝，外填砾石组成的缠丝填砾过滤器，以防止含水层中的细小颗粒涌进井内，保证井的使用寿命，还可增大过滤器周围的孔隙率和透水性，从而减少进水时的水头损失，增加单井出水量。填砾厚度，根据含水层的颗粒大小决定，一般为 75～150mm。沉淀管长度，一般为 2～10m，其下端要安装在井底。

基岩中取水管井设计如全部岩层为坚硬的稳定性岩石时，不需要安装井管，以孔壁当井管使用。当上部为覆盖层或破碎不稳定岩石，下部也有破碎不稳定岩石时，应自孔口起安装井管，直到稳定岩石为止。其中含水层处如有破碎带、裂隙、溶洞等，应根据含水岩层破碎情况安装缠丝、包网过滤器或圆孔或条孔过滤器。

（四）管井施工

包括钻井、井管安装、填砾、止水封井、洗井等工作。

1. 钻井方法

常用的钻井方法有冲击钻进法、回转钻进法、冲击回转钻进法。

2. 井管安装

根据不同井管、钻井设备而采用不同的安装方法。主要有：①钢丝绳悬吊下管法。适用于带丝扣的钢管、铸铁管，以及有特别接头的玻璃钢管、聚丙烯管及石棉水泥管，拉板焊接的无丝扣钢管，螺栓连接的无丝扣铸铁管，粘接的玻璃钢管，焊接的硬质聚氯乙烯管。②浮板下管法。适用于井管总重超过钻机起重设备负荷的钢管或超过井管本身所能承受的拉力的带丝扣铸铁井管。③托盘下管法。适用于水泥井管，砾石胶结过滤器及采用铆焊接头的大直径铸铁井管。

3. 填砾

填砾方法有：静水填入法，适用于浅井及稳定的含水层；循环水填砾法，适用于较深井；抽水填砾法，适用于孔壁稳定的深井。

4. 止水封井

根据管井对水质的要求进行止水、封井，其位置应尽量选择在隔水性好、井壁规整的层位。供水井应进行永久性止水、封井，并保证止水、封井的有效性，所用材料不能影响水质。永久性止水、封井的方法有：黏土和黏土球围填法、压力灌浆法。所用材料为黏土、黏土球及水泥。

5. 洗井

为了清除井内泥浆，破坏在钻进过程中形成的泥浆壁、抽出井壁附近含水层的泥浆，过细的颗粒及基岩含水层中的充填物，使过滤器周围形成一个良好的滤水层，以增大井的出水量。常用的洗井方法有：活塞洗井法、压缩空气洗井法、冲孔器洗井法、泥浆泵与活塞联合洗井法、液态二氧化碳洗井法及化学药品洗井法等。这些洗井方法用于不同的水文地质条件与不同类型的管井，洗井效果也不相同，应因地制宜地加以选用。

（五）使用维护

直接关系到井的使用寿命。如使用维护不当，将使管井出水量减少、水质变坏，甚至使井报废。管井在使用期中应根据抽水试验资料，妥善选择管井的抽水设备。所选用水泵的最大出水量不能超过井的最大允许出水量。管井在生产期中，必须保证出水清、不含砂；对于出水含砂的井，应适当降低出水量。在生产期中还应建立管井使用档案，仔细记录使用期中出水量、水位、水温、水质及含砂量变化情况，借以随时检查、维护。如发现出水量突然减少，涌砂量增加或水质恶化等现象，应立即停止生产，进行详细检查修理后，再继续使用。一般每年测量一次井的深度，与检修水泵同时进行，如发现井底淤砂，应进行清理。季节性供水井，很容易造成过滤器堵塞而使出水量减少。因此，在停用期间，应定期抽水，以避免过滤器堵塞。

二、大口井

井深一般不超过 15m 的水井，井径根据水量、抽水设备布置和施工条件等因素确定，一般常用为5～8m，不宜超过10m。地下水埋藏一般在10m内，含水层厚度一般在5～15m，适用于任何砂、卵、砾石层，渗透系数最好在20m/d以上，单井出水量一般为500～10 000m³/d，最大为20 000～30 000m³/d。

大口井适用于地下水埋藏较浅、含水层较薄且渗透性较强的地层取水，它具有就地取材、施工简便的优点。

大口井按取水方式可分为完整井和非完整井，完整井井底不能进水，井壁进水容易堵塞，非完整井井底能够进水。

按几何形状可分为圆形和截头圆锥形两种。圆筒形大口井制作简单，下沉时受力均匀，不易发生倾斜，即使倾斜后也易校正，圆锥截头圆锥形大口井具有下沉时摩擦力小、易于下沉、但下沉后受力情况复杂、容易倾斜、倾斜后不易校正的特点。一般来说，在地层较稳定的地区，应尽量选用圆筒形大口井。

三、辐射井

一种带有辐射横管的大井。井径为2～6m，在井底或井壁按辐射方向打进滤水管以增大井的出水量，一般效果较好。滤水管多者出水量能增加数倍，少的也能增加1～2倍。

设有辐射管（孔）以增加出水量的水井。辐射井按集水类型可分为集取河床渗透水型、同时领取河床渗透水与岸边地下水型、集取岸边地下水型、远离河流集取地下水型四种。

位置选择的原则有以下三点：

1. 领取河床渗透水时，应选河床稳定、水质较清、流速较大且有一定冲刷能力的直线河段。

2. 集取岸边地下水时，应选含水层较厚、渗透系数较大的地段。

3. 远离地表水体集取地下水时，应选地下水位较高、渗透系数圈套地下补给充沛的地段。

四、复合井盖

（一）产品介绍

1. 产品料

采用不饱和聚脂树脂为基体的纤维增强热固性复合材料，又称为团块模塑料（DMC），用压制成型技术制成，是一种新型的环保型盖板。复合井盖采用高温高压一次模压成型技术，聚合度高、密度大，有良好的抗冲击和拉伸强度，具有耐磨、耐腐蚀、不生锈、无污染、免维护等优点。

2. 产品特性

复合井盖内部使用网状钢筋增强，关键受力部分特殊加强，在发生不可避免的外力冲击时，可迅速分散压力保证人车安全。

不含金属，石塑井盖和混凝土井盖钢筋骨架还不到井盖总重的1/10，没有多大的偷盗价值；而且由于井盖强度极高，要从井盖内取出这一小点钢筋是极难的。

（二）特点

1. 强度高

具有很高的抗压、抗弯、抗冲击的强度，有韧性。长期使用后该产品不会出现井盖被压碎及损坏现象，能彻底杜绝"城市黑洞"事故的发生。

2. 外观美

表面花纹设计精美，颜色亮丽可调，能美化城市环境。

3. 使用方便，重量轻

产品重量仅为铸铁的三分之一左右，便于运输、安装、抢修，能大大减轻劳动强度。

4. 无回收价值，自然防盗

根据客户需要并设有锁定结构，能实现井内财物防盗。

5. 耐候性强

井盖通过科学的配方、先进的工艺、完善的技术设备使该产品能在 $-50℃ \sim +300℃$ 环境中正常使用。

6. 其他

耐酸碱、耐腐蚀、耐磨、耐车辆碾压，使用寿命长。

（三）技术特征

复合井盖在技术上有以下特点：

1. 复合井盖采用最新高分子复合材料，以钢筋为主要的内部骨架，经过高温模压生产而成，强度最高可以承受50t的重量。

2. 井盖重量轻，方便运输和安装，可以大大减轻劳动强度。全新树脂井盖具有很好的防盗性能，因为合成树脂材料无回收的价值，能有效杜绝"城市黑洞"的出现。

3. 复合井盖精度高、耐腐蚀，经过高温模压生产，具有很好的耐酸碱、耐腐蚀的能力，有效地延长了树脂井盖的使用寿命。

（四）安装特征

随着技术的不断发展，井盖作为市政和建筑的常用材料得到了快速发展安装复合井盖需要注意以下事项：

（1）为保持盖外表的美观、表面花纹和字迹的清晰，以沥青路面施工时应用薄铁皮或木板覆盖在井盖上；黑色井盖也可用废机油等刷涂盖面，防止沥青喷在井盖上。

（2）井盖的砖砌体砌筑，应按照设计院设计的井盖尺寸确定其内径或者说长×宽、方圆，也可相应参照标准执行，并在井盖外围浇铸宽为 40cm 的混凝土保护圈，保养期要在 10 天以上。

（3）在沥青路面上安装井盖时，一定要注意避免施工机械直接碾压井座，在路面整体浇铸时，应予在路面预留比井座略大的孔，在沥青铺完后安置。

（4）混凝土将井座浇铸或沥青铺设后，应及时将井盖打开清洗，避免砂浆或沥青将检查井盖与座浇成一体，以免影响日后开启。

（五）安装过程

在安装复合井盖时要按照以下四个步骤：

1. 在安装之前，井盖地基要整齐坚固，要按井盖的尺寸确定内径以及长和宽。

2. 在水泥路面安装复合井盖的时候，要注意井口的砌体上要使用混凝土浇注好，还要在外围建立混凝土保护圈，进行保养 10d 左右。

3. 在沥青路面安装复合井盖要注意避免施工的机械直接碾压井盖和井座，以免发生损坏。

4. 为了保持井盖的美观以及字迹、花纹的清晰，在路面浇注沥青和水泥要注意不要弄脏井盖。

五、截潜流工程

截潜流工程是在河底砂卵石层内，垂直河道主流修建截水墙，同时在截水墙上游修筑集水廊道，将地下水引入集水井的取水工程。

又称地下拦河坝。是在河底砂卵石层内，垂直河道主流修建截水墙，同时在截水墙上游修筑集水廊道，将地下水引入集水井的取水工程。适应于谷底宽度不大、河底砂卵石层厚度不大、而潜流量又较大的地段。集水廊道的透水壁外一般应设置反滤层，廊道坡度以

1/50～1/200 为宜。集水井设置于廊道出口处，井的深度应低于廊道 1～2m，以便沉砂和提水。截潜流工程是综合开发河道地表和地下径流的一种地下集水工程，其一般由截水墙、进水部分、集水井、输水部分等组成。其工程类型按截潜流的完成程度，可分为完整式和非完整式两种，完整式截水墙穿透含水层，非完整式没有穿透含水层，只拦截了部分地下水径流。

第三节　河流取水工程

一、江河取水概说

（一）江河水源分布广泛

江河在水资源中具有水量充沛、分布广泛的特点，常用于作为城市和工矿供水水源，例如在我国南方（秦岭淮河以南）90%以上的水源工程都以江河为水源。

（二）江河取水的自然特性

江河取水受自然条件和环境影响较大，必须充分了解江河的径流特点，因地制宜地选择取水河段。特别是北方各地，河流的流量和水位受季节影响，洪、枯水量变化悬殊，冬季又有冰情能形成底冰和冰屑，易造成取水口的堵塞，为保证取水安全，必须周密调查，反复论证。

（三）全面了解河道的冲淤变化

河道在水流作用下，不断发生着平面形态和断面形态的变化，这就是通常所说的河道演变。河道演变是河流水沙状况和泥沙运动发展的结果，不论是南方北方，还是长江黄河挟带泥沙的水流在一定条件下可以通过泥沙的淤积而使河床抬高，形成滩地，也可以通过水流的冲刷而使河岸坍塌，河道变形。泥沙有时可能会被紊动的水流悬浮起来形成悬移质泥沙；有时也可因水流条件的改变而下沉到河流床面，在河床上推移运动，成为推移质泥沙。当水流挟带能力更小时，推移质或悬移质泥沙还能淤积在河床上成为河床质泥沙。在河流中，悬移质泥沙、推移质泥沙和河床质泥沙间的不断交替变化的过程，就是河道冲刷和淤积变化的过程。冲淤演变常造成主流摆动，取水口脱流而无法取水。

二、河流的一般特性

河流大致分为山区河流和平原河流两大类。对于较大的河流，其上游多为山区河道，下游多为平原河道，而上下游之间的中游河段，则兼有山区河道和平原河道的特性。

（一）山区河流

山区河道流经地势高峻地形复杂的山区，在其发育过程中以河流下切为主，其河道断面一般呈 V 字形或 U 字形。

在陡峻的地形约束下，河床切割深达百米以上，河槽宽仅二三十米，宽深比一般小于 100，洪水猛涨猛落是山区河流的重要水文特点，往往一昼夜间水位变幅可达 10m 之巨，山区河流的水面比降常在 1‰以上，如黄河上游的平均比降达 10‰。由于比降大，流速高，挟沙能力强，含沙量常处在非饱和状态，有利于河流向冲刷方向发展。

（二）平原河道

平原河道按其平面形态，可分为四种基本类型，即顺直型、弯曲型、分叉型和游荡型。

1. 顺直型河段

该类河流在中水时，水流顺直微弯，枯水时则两岸呈现犬牙交错的边滩，主流在边滩侧旁弯曲流动并形成深槽。

2. 弯曲型河段

该型河段是平原河道最常见的河型，其特点是中水河槽具有弯曲的外形，深槽紧靠凹岸，边滩依附凸岸。弯道上的水流受重力和离心力的作用，表层水流向凹岸，底层水流向凸岸，形成螺旋向前的螺旋流。受螺旋流的作用，表层低含沙水冲刷凹岸，使凹岸崩塌并不断后退。

在长期水流作用下，弯曲凹岸的不断崩塌后退和凸岸的不断延伸，会使河弯形成 U 字形的改变，进而使两个弯顶之间的距离不断缩短而形成河环。河环形成后，一旦遭遇洪水漫滩，就会在河弯发生"自然裁弯"，从而使河弯处的取水构筑淤塞报废。地质条件较好的地段，河弯可长期维持稳定。

3. 分汊型河道

分汊型河道亦称江心洲型河道，如南京长江八卦洲河段，其特点是中水河槽分汊，两股河道周期性地消长，在分汊河道的尾部，两股水流的汇合处，其表流指向河心，底流指向两岸，有利于边滩形成。在分汊河段建取水工程，应分析其分流分沙影响与进一步河床的演变发展。

4. 游荡型河段

其特点是中水河槽宽浅，河滩密布，汊道交织，水流散乱，主流摆动不定。河床变化迅速。如黄河花园口河段就是一个游荡型河段的示例，该河段平均水深仅 1～3m。河道很不稳定，一般不宜在该河建设取水工程，如必须在此引水，应置引水口于较狭窄的河段，或采用多个引水口的方案。

三、河弯的水流结构

（一）天然河道的平面形态

天然河道多处于弯弯相连的状态。据调查，天然河流的直段部分只占全河长的 10%～20%，弯道部分占河长的 80%～90% 以上，所以，天然河道基本上都是弯曲的，在弯曲河道上布置取水工程应充分了解弯道的水流结构。

（二）弯道的水流运动

由于离心力和水流速度的平方成正比，而河道流速分布是表层大，底层小，离心力的方向是弯道凹岸的方向，因此，表层水流向凹岸，使凹岸水面壅高，从而形成横比降。受横比降作用，在断面内形成横向环流。

在环流和河流的共同作用下，弯道水流的表流是指向凹岸，底流指向凸岸的螺旋流运动。螺旋流的表层水流以较大的流速对凹岸形成由上向下的淘冲力，使凹岸受到冲刷而流向凸岸的底流，因挟带大量泥沙，致使凸岸淤积。这种发展的结果便使凹岸成为水深流急的主槽，凸岸则为水浅流缓的边滩。

（三）弯曲河道的水流动力轴线

水流动力轴线又称主流线。在弯道上游主流线稍偏凸岸，进入弯道后主流线逐渐向凹岸过渡，到弯顶附近距凹岸最近成为主流的顶冲点。严格讲：主流线和顶冲点都因流量不同而有所变化。由于离心力因流速流量而异。水流对凹岸的顶冲点也会因枯水而上提，受洪水而下挫。常水位则处在弯顶左右。高浊度水设计规范中常以深泓线形式表达河道水流的动力轴线。深泓线是沿水流方向河床最大切深点的连线，也是水流动力轴线的直观表述。

（四）弯曲河道的最佳引水点

北方河道的洪枯水量相差悬殊，枯水期引水保证率较低，一般只能够引取河道来流的 25%～30%，为了保证取水安全，并免于剧烈淘冲，引水口最好选在顶冲点以下距凹岸起点下游 4～5 倍河宽的地段，或在顶冲点以下 1/4 河弯处。

（五）格氏加速度

造成水面横比降的离心力系为惯性力，是维持水流运动不变的力量，地球由西向东自转，迫使整个水流做旋转运动，其向心力指向地轴，而惯性力恰好与其相反，作用在受迫旋转的物体上。在我们的北半球，如果江河沿纬线东流，向心力指向地轴，而水流的惯性力则指向南岸，换言之，正是河流南岸的约束，迫使水流回绕地轴做旋转运动。学者们总结格氏加速度的结论是：在北半球，水流总是冲压右岸；在南半球，水流则紧压左岸。

四、河流取水的洪枯分析

（一）河流洪枯分析的必要性

现行室外给水设计规范明确指出：江、河取水构筑物的防洪标准，不应低于城市防洪标准，其设计洪水重现期不得低于 100 年。要求枯水位的保证率采用 90%～99%。而且该条文为强制性条文，必须严格执行。这样，我们在进行取水工程设计时，就必须对河流的洪水流量、枯水流量和相应的水位等参数进行认真计算和校核，让分析计算成果更加符合未来的水文现象实际。但江河的洪、枯流量有其自身特点，上游水库的调蓄、发电运用在很大程度上改变了河流水情。在进行频率分析计算时，必须考虑其影响。另外，河流多年来的开发建设也为我们提供了许多水文特征数据，应充分利用这些数据来充实和校验我们的频率分析成果。

（二）频率分析样本的选用

取水工程频率分析计算的任务，是根据已有的水文测验数据运用数理统计原理来推断未来若干年水文特征的出现情况。这是一种由样本（水文测验数据）推算总体的预测方法。按照数理统计原理，径流成因分析和大量的水文实践验证，我国河流的枯、洪流量变化统计地符合皮尔逊 m 形曲线所表达的变化规律。因此，用这种方法计算河流的洪水和枯水设计参数是适宜和合理的。《给排水设计手册》以较大篇幅对频率分析方法进行了详细介绍，这里不再重复。但需要指出的是，统计时所使用的样本数据必须前后一致，江河上游水库的调蓄运用，改变了流量和水位的天然时程分配，使实测水文资料的一致性遭到破坏。统计分析时，不能不加区别地笼统采用，一般情况下，要将建库后的资料如水位、流量等还原为天然情况下产生的水位和流量，使前后一致，才能一并进行频率分析计算。因为我们的频率分析，是由"部分"推断"全局"、由"样本"推断总体的一种预测。由于水文资料年限较短，样本较少，而预测的目标值却要达到百年或千年一遇，预期很长。因此，样本的选择就会十分重要，应严格坚持前后一致的原则，否则就会因样本失真而造成"失之毫厘，差之千里"的错误。

第四节　水源涵养、保护和人工补源工程

一、水源涵养

水源涵养，是指养护水资源的举措。一般可以通过恢复植被、建设水源涵养区达到控制土壤沙化、降低水土流失的目的。

水源涵养、改善水文状况、调节区域水分循环、防止河流、湖泊、水库淤塞，以及保护可饮水水源为主要目的的森林、林木和灌木林。主要分布在河川上游的水源地区，对于调节径流，防止水、旱灾害，合理开发、利用水资源具有重要意义。水源涵养能力与植被类型、盖度、枯落物组成、土层厚度及土壤物理性质等因素密切相关。

水源涵养林，用于控制河流源头水土流失，调节洪水枯水流量，具有良好的林分结构和林下地被物层的天然林和人工林。水源涵养林通过对降水的吸收调节等作用，变地表径流为壤中流和地下径流，起到显著的水源涵养作用。为了更好地发挥这种功能，流域内森林须均匀分布，合理配置，并达到一定的森林覆盖率和采用合理的经营管理技术措施。

（一）作用

森林的形成、发展和衰退与水分循环有着密切关系。森林既是水分的消耗者，又起着林地水分再分配、调节、储蓄和改变水分循环系统的作用。

1. 调节坡面径流

调节坡面径流，削减河川汛期径流量。一般在降雨强度超过土壤渗透速度时，即使土壤未达到饱和状态，也会因降雨来不及渗透而产生超渗坡面径流；而当土壤达到饱和状态后，其渗透速度降低，即使降雨强度不大，也会形成坡面径流，称过饱和坡面径流。但森林土壤则因具有良好的结构和植物腐根造成的孔洞，渗透快、蓄水量大，一般不会产生上述两种径流；即使在特大暴雨情况下形成坡面径流，其流速也比无林地大大降低。在积雪地区，因森林土壤冻结深度较小，林内融雪期较长，在林内因融雪形成的坡面径流也减小。森林对坡面径流的良好调节作用，可使河川汛期径流量和洪峰起伏量减小，从而减免洪水灾害。

2. 调节地下径流

调节地下径流，增加河川枯水期径流量。森林增加河川枯水期径流量的主要原因是把大量降水渗透到土壤层或岩层中并形成地下径流。在一般情况下，坡面径流只要几十分钟至几小时即可进入河川，而地下径流则需要几天、几十天甚至更长的时间缓缓进入河川，因此，调节地下径流可使河川径流量在年内分配比较均匀，提高水资源利用系数。

3. 水土保持功能

水源林可调节坡面径流，削减河川汛期径流量。

一般在降雨强度超过土壤渗透速度时，即使土壤未达饱和状态，也会因降雨来不及渗透而产生超渗坡面径流；而当土壤达到饱和状态后，其渗透速度降低，即使降雨强度不大，也会形成坡面径流，称过饱和坡面径流。但森林土壤则因具有良好的结构和植物腐根造成的孔洞，渗透快、蓄水量大，一般不会产生上述两种径流；即使在特大暴雨情况下形成坡面径流，其流速也比无林地大大降低。在积雪地区，因森林土壤冻结深度较小，林内融雪期较长，在林内因融雪形成的坡面径流也减小。森林对坡面径流的良好调节作用，可使河川汛期径流量和洪峰起伏量减小，从而减免洪水灾害。结构良好的森林植被可以减少水土流失量90%以上。

4. 滞洪和蓄洪功能

河川径流中泥沙含量的多少与水土流失相关。水源林一方面对坡面径流具有分散、阻滞和过滤等作用；另一方面其庞大的根系层对土壤有网结、固持作用。在合理布局情况下，还能吸收由林外进入林内的坡面径流并把泥沙沉积在林区。

降水时，由于林冠层、枯枝落叶层和森林土壤的生物物理作用，对雨水截留、吸持渗入、蒸发，减小了地表径流量和径流速度，增加了土壤拦蓄量，将地表径流转化为地下径流，从而起到了滞洪和减少洪峰流量的作用。

5. 枯水期的水源调节功能

中国受亚洲太平洋季风影响，雨季和旱季降水量十分悬殊，因而河川径流有明显的丰水期和枯水期。但在森林覆被率较高的流域，丰水期径流量占30%～50%，枯水期径流量也可占到20%左右。森林能涵养水源主要表现在对水的截留、吸收和下渗，在时空上对降水进行再分配，减少无效水，增加有效水。水源涵养林的土壤吸收林内降水并加以贮存，对河川水量补给起积极的调节作用。森林覆盖率的增加，减少了地表径流，增加了地下径流，使得河川在枯水期也不断有补给水源，增加了干旱季节河流的流量，使河水流量保持相对稳定。森林凋落物的腐烂分解，改善了林地土壤的透水通气状况。因而，森林土壤具有较强的水分渗透力。有林地的地下径流一般比裸露地的大。

6. 改善和净化水质

造成水体污染的因素主要是非点源污染，即在降水径流的淋洗和冲刷下，泥沙与其所携带的有害物质随径流迁移到水库、湖泊或江河，导致水质浑浊恶化。水源涵养林能有效地防止水资源的物理、化学和生物的污染，减少进入水体的泥沙。降水通过林冠沿树干流下时，林冠下的枯枝落叶层对水中的污染物进行过滤、净化，所以，最后由河溪流出的水的化学成分发生了变化。

7. 调节气候

森林通过光合作用可吸收二氧化碳，释放氧气，同时吸收有害气体及滞尘，起到清洁空气的作用。森林植物释放的氧气量比其他植物高 9～14 倍，占全球总量的 54%，同时通过光合作用贮存了大量的碳源，故森林在地球大气平衡中的地位相当重要。林木通过抗御大风可以减风消灾。另一方面森林对降水也有一定的影响。多数研究者认为森林有增水的效果。森林增水是由于造林后改变了下垫面状况，从而使近地面的小气候变化而引起的。

8. 保护野生动物

由于水源涵养林给生物种群创造了生活和繁衍的条件，使种类繁多的野生动物得以生存，所以，水源涵养林本身也是动物的良好栖息地。

（二）营造技术

营造技术包括树种选择、林地配置、经营管理等内容。

1. 树种选择和混交

在适地适树原则的指导下，水源涵养林的造林树种应具备根量多、根域广、林冠层郁闭度高（复层林比单层林好）、林内枯枝落叶丰富等特点。因此，最好营造针阔混交林，其中除主要树种外，要考虑合适的伴生树种和灌木，以形成混交复层林结构。同时选择一定比例深根性树种，加强土壤固持能力。在立地条件差的地方，可以考虑对土壤具有改良作用的豆科树种做先锋树种；在条件好的地方，则要用速生树种作为主要造林树种。

2. 林地配置与整地方法

在不同气候条件下应取不同的配置方法。在降水量多、洪水危害大的河流上游，宜在整个水源地区全面营造水源林。在因融雪造成洪水灾害的水源地区，水源林只宜在分水岭和山坡上部配置，使山坡下半部处于裸露状态，这样春天下半部的雪首先融化流走，上半部林内积雪再融化就不致造成洪灾。为了增加整个流域的水资源总量，一般不在干旱半干旱地区的坡脚和沟谷中造林，因为这些部位的森林能把汇集到沟谷中的水分重新蒸腾到大气中去，减少径流量。总之，水源涵养林要因时、因地、因害设置。水源林的造林整地方法与其他林种无重大区别。在中国南方低山丘陵区降水量大，要在造林整地时采用竹节沟整地造林；西北黄土区降水量少，一般用反坡梯田（见梯田）整地造林；华北石山区采用"水平条"整地造林。在有条件的水源地区，也可采用封山育林或飞机播种造林等方式。

3. 经营管理

水源林在幼林阶段要特别注意封禁，保护好林内死地被物层，以促进养分循环和改善表层土壤结构，利于微生物、土壤动物（如蚯蚓）的繁殖，尽快发挥森林的水源涵养作用。当水源林达到成熟年龄后，要严禁大面积砍伐，一般应进行弱度择伐。重要水源区要禁止任何方式的采伐。

二、水资源保护区的划分与防护

（一）水源保护区

水源保护区，是指国家对某些特别重要的水体加以特殊保护而划定的区域。县级以上的人民政府可以将下述水体划为水源保护区：生活饮用水水源地、风景名胜区水体、重要渔业水体和其他有特殊经济文化价值的水体。其中，饮用水水源地保护区包括饮用水地表水源保护区和饮用水地下水源保护区。

（二）水资源保护区的等级划分

1. 划分原则

（1）必须保证在污染物达到取水口时浓度降到水质标准以内。

（2）为意外污染事故提供足够的清除时间。

（3）保护地下水补给源不受污染。

2. 划分方法

我国水源保护区等级的划分依据为对取水水源水质影响程度大小，将水源保护区划分为水源一级、二级保护区。

结合当地水质、污染物排放情况，可将位于地下水口上游及周围直接影响取水水质（保证病原菌、硝酸盐达标）的地区划分为水源一级保护区。

可将一级水源保护区以外的影响补给水源水质，保证其他地下水水质指标的一定区域划分为二级保护区。

（三）水资源保护区的生态补偿机制实施的影响因素对策

1. 生态补偿机制在水资源保护区的重要性

（1）有利于促进水资源保护区的生态文明建设

生态文明兴起源于人类中心主义环境观的指导下，是对人类与自然的矛盾的正面解决方式，反映了人类用更文明而非野蛮的方式来对待大自然、努力改善和优化人与自然关系的理念。建立生态补偿机制有利于推动水资源保护工作，推进水资源的可持续利用，加快环境友好型社会建设，实现不同地区、不同利益群体的公平发展、和谐发展，有利于促进我国生态文明的建设。

（2）推进水资源保护区综合治理中问题与矛盾的解决

水资源保护区的生态补偿是指为恢复、维持和增强水资源生态系统的生态功能，水资源受益者对导致水资源生态功能减损的水资源开发或利用者征收税费，对改善、维持或增强水资源生态服务功能而做出特别牺牲者给予经济和非经济形式补偿的制度，是一种保护水资源生态环境的经济手段，是生态补偿机制在水资源保护中的应用，集中体现了公正、公平的价值理念，也是肯定水资源生态功能价值的一种表现。水资源保护区补偿机制的建立，一方面可以将水资源保护区源头治理保护的积极性调动起来，使优质水源得到有效保障；另一方面还能有效缓解水资源地区治理保护费用不足的现象，使得社会经济的高速发展与保护生态环境之间不断加深的矛盾得到有效改善。

2. 影响生态补偿机制实施的因素

（1）资源利用率很低，开发利用难以实现

水资源目前利用不合理是最大的问题，开发利用的可能性在不断被简化，同时在水资源利用的过程中出现了分配不均的问题，主要体现在水资源利用的过程中由于分配问题导致特殊地区的水资源供给不足，给居民生活以及城市绿化，工业生产带来的一定的影响，能够再次开发利用的机会相对比较缺乏，开发技术也难以实现社会的需求。

（2）水资源浪费、污染严重

在水资源利用的过程中，出现的生活浪费、工业污染排放的现象特别严重，这就在很大程度上造成了水资源的浪费以及污染，为我们的资源保护带来了很大的困惑，但是目前的污染治理以及减少浪费的观念在人们的意识中还不是十分重视，如果不能得到很好的治理，就难以保护我们的水资源。

（3）生态补偿机制不够完善

水资源救治中能够实现生态补偿机制的优化发展，能够有效地保证水资源保护，但是目前的生态补偿机制在实用性以及合理性上十分欠缺，主要表现在机制的模式化受到一定的局限，无法实现机制中的构想，难以落实水资源的保护。

3. 生态补偿机制实施对策

（1）建立科学合理的补偿标准

完善水资源补偿机制的统一管理能够最大限度地体现生态保护，实现保护标准的合理化，在水资源保护机制中能够体现的补偿标准就是最大限度地实现政府与水源机构在意识上的一致性，同时要在水源的保护上体现科学性的管理模式，能够给水资源补偿提供更多的便利。当然在不同的地区需要对补偿机制的标准进行适当的调整，实现生态补偿的最大化以及合理化。

（2）扩大资金补偿范围

充分遵循"谁保护谁受益""谁改善谁得益""谁贡献大谁多得益"的基本原则，使得生态环保财力转移支付制度得到进一步加强，从而充分培养各地积极保护环境的意识。在补偿时，不应该只包括流域污染治理成本，同时还应当包括因保护生态环境而丧失发展机会的成本，并且还要加大投入对水资源的补偿资金，使得补偿范围向调整产业结构、退耕还林工作、对环境污染的日常防止管理以及直接补偿生态环境保护者等方面拓展。

（3）探索建立"造血型"生态补偿机制

为使得居民收入水平得到有效提高，可在生态保护建设工程中添加生态补偿项目，并鼓励居民积极承担建设和保护生态的工程项目。在这些区域内，进一步加强特色优势产业的扶持，如生态农业林业、生态旅游业以及对可再生能源的开发利用等。同时，探索并利用一些优惠政策，如银行金融信贷、财政投资的补贴以及减免税费等，使得特色产业在满足当地环境资源承载能力下持续发展壮大，有效促进地方政府的税收和居民就业。同时还可以进行"异地补偿性开发"试点，建立"飞地经济"，增强上游地区经济实力，促进公平发展，和谐发展。

（4）建立公平合理的激励机制

生态补偿也是一种利益分配。所以，要使得利益变得均衡，在依靠行政手段的同时，还须凭借一定市场机制以及公众的广泛参与。水资源上下游的利益从长远来看是一致的，是"唇齿相依"的关系。因而，不能片面地将生态补偿看成水资源现状受惠，应当看成是在水资源生态受益过程中对生态环境保护的一种补偿。我们需要从市场经济角度进一步探索，使得全流域经济一体化得到有效推进，同时还要实现市场开放范围得到一定的扩大，以便实现区域经济融合互补得到进一步加强，实现上下游资源的共享，发挥出流域整体最佳的生态优化服务目标。

三、人工补源回灌工程

（一）人工回灌及其目的

所谓地下水人工补给（即回灌），就是将被水源热泵机组交换热量后排出的水再注入地下含水层中去。这样做可以补充地下水源，调节水位，维持储量平衡；可以回灌储能，提供冷热源，如冬灌夏用，夏灌冬用；可以保持含水层水头压力，防止地面沉降。所以，为保护地下水资源，确保水源热泵系统长期可靠地运行，水源热泵系统工程中一般应采取回灌措施。

（二）回灌类型及回灌量

根据工程场地的实际情况，可采用地面渗入补给、诱导补给和注入补给。注入式回灌一般利用管井进行，常采用无压（自流）、负压（真空）和加压（正压）回灌等方法。无压自流回灌适于含水层渗透性好、井中有回灌水位和静止水位差的地层。真空负压回灌适于地下水位埋藏深（静水位埋深在 10m 以下）、含水层渗透性好的地层。加压回灌适用于地下水位高、透水性差的地层。

回灌量大小与水文地质条件、成井工艺、回灌方法等因素有关，其中，水文地质条件是影响回灌量的主要因素。一般来说，出水量大的井回灌量也大。

（三）地下水管井回灌方式分类

由于地下水源热泵工程所在地区的水文地质条件和工程场地条件各不相同，实际应用的人工回灌工程方式也有所不同，各种方式的特点、适用条件和回灌效果各不同。

1. 同井抽灌方式

（1）同井抽灌方式是指从同一眼管井底部抽取地下水，送至机组换热后，再由回水管送回同一眼井中。回灌水有一部分渗入含水层，另一部分与井水混合后再次被抽取送至机组换热，形成同一眼管井中井水循环利用。

（2）同井抽灌方式适合于地下含水层厚度大、渗透性好、水力坡度大、径流速度快的地区。

（3）同井抽灌方式的优点是节省了地下水源系统的管井数量，减少了一部分水源井的初投资。

（4）同井抽灌方式的缺点是，在运行过程中，一部分回水和一部分出水发生短路现象，两者混合形成自循环，对水井出水温度影响很大。冬季供暖运行时，井水出水温度逐渐降低，夏季制冷运行时，井水出水温度逐渐升高。

2. 异井抽灌方式

（1）异井抽灌方式是指从某一眼管井含水层中抽取地下水，送至机组换热后，由回水管送至另一眼管井回灌到含水层中，从而形成局部地区抽灌井之间含水层中地下水与土壤热交换的循环利用系统。

（2）异井抽灌方式适合的水文地质条件比同井抽灌方式的范围宽。

（3）异井抽灌方式的优点是回灌量大于同井回灌。抽灌井之间有一定距离，回水温度对供水温度没有影响，不会导致机组运行效率下降，因而运行费用比同井抽灌方式低。冬季和夏季不同季节运行时，抽灌井可以切换使用。

（4）异井抽灌方式的缺点是增加了地下水源系统的管井数量，增加了水源井的初投资。

（四）产生回灌不畅的原因

无论采用同井或异井哪种回灌方式，由于目前在很多地区采用的回灌方式均为自流回灌，因此，往往会产生回灌不畅的问题，原因分析如下。

由于地下水具有一定的压力、受透水层阻力影响，抽取容易，回灌慢。地下水含矿物质，微生物，在抽取回灌过程，由于管井并非密闭加压回灌方式，水在从地下抽取过程中，含氧量也发生了变化，经物理反应，产生气泡含发黏的胶状物，由井内向地层渗透时黏结堵塞了滤水管间隙，透水率降低，就会出现回灌不下去的现象。其原因主要是回灌井结构及成井工艺问题：抽水时地下水从地下含水层经滤料、滤水管进入井内被抽出。滤料、滤水管起到很好的过滤作用。而回灌时水从井管内经滤水管、滤料向地层渗透，如果回灌井还按照抽水井结构及成井工艺，回灌井中胶状发黏物，被过滤黏结堵塞了透水间隙。所以，原来普遍使用的给水井抽水井结构，不适应作为回灌井。另外片面强调水井抽取量，而过量开采，动水位（降深值）增大，粉细纱抽入井内或堆积水井周围抽取的水中含砂量超标，影响降低透水率，所以，在第四系地层取水，必须按照当地水文地质条件。水位降深值（动水位）不超过15m，含砂量少于1/20万，否则会影响水井使用寿命，逐年降低出水量，严重者会造成地面下沉，附近的建筑物也会受到影响。

（五）避免回灌不畅的方式

1. 钻井设备的选择

成井钻孔主要有两类：

（1）冲击钻成井工艺简单，成本费用少，只在卵石较大地区适用，但是出水量、透水率会受到影响。

（2）回转钻钻井成本费用高，适合在颗粒较小地层钻进，在大颗粒的卵石层钻进慢，成井质量好，只要严格按照完善的成井工艺要求，出水量透水率、水位降深值明显优于冲击钻成井。

2. 采用合理的管井结构

（1）抽水井

采用双层管结构，内井管用于抽水，外井管有透水井笼。工作原理是：由于地下水位的降低，上部原含水层已基本疏干，地层结构松散，具有很好的透水性。由内外管之间回灌，经透水管笼向地层渗透，为了保证抽水温度回灌水不允许回到内井管，必须有止回水料，特制的回灌井笼具有强度高、抗挤压不变形、透水性强、阻力小等特点，回灌水中的发黏胶状物不黏结堵塞，能顺利通过回到地下。用此结构的水井还能起到一定辅助回灌量。

（2）回灌井

采用特制的回灌管笼，笼式结构与传统给水管井透水结构相比，由于其透水率高，阻力小，回灌渗透快，回灌水中的发黏胶状物堵塞不了透水间隙，能使回灌迅速畅通。

3. 回扬

为预防和处理管井堵塞还应采用回扬的方法，所谓回扬即在回灌井中开泵抽排水中堵塞物。每口回灌井的回扬次数和回扬持续时间主要由含水层颗粒大小和渗透性而定。在岩溶裂隙含水层进行管井回灌，长期不回扬，回灌能力仍能维持；在松散粗大颗粒含水层进行管井回灌，回扬时间约一周1～2次；在中、细颗粒含水层里进行管井回灌，回扬间隔时间应进一步缩短，每天应1～2次。在回灌过程中，掌握适当回扬次数和时间，才能获得好的回灌效果，如果怕回扬多占时间，少回扬甚至不回扬，结果管井和含水层受堵，反而得不偿失。回扬持续时间以浑水出完，见到清水为止。对细颗粒含水层来说，回扬尤为重要。实验证实：在几次回灌之间进行回扬与连续回灌不进行回扬相比，前者能恢复回灌水位，保证回灌井正常工作。

4. 井室密闭

采用合理的井室装置，对井口装置进行密闭，能减少水源水含氧量增加的概率，最大限度地保障回灌效果。

第五节　污水资源化利用工程

一、污水资源化的内涵和意义

我国是发展中国家，虽然地域辽阔，资源总量大，但人口众多，人均资源相对较少，尤其是水资源短缺，且污染严重。随着工农业生产迅速发展，人口急剧增加，产生大量生产生活废水，既污染环境，又浪费资源，对工农业生产和人民群众的日常生活产生不利影响，使本来就短缺的水资源雪上加霜。水资源短缺已成为我国经济发展的限制因素，因此，实现污水资源化利用以缓解水资源供需矛盾，促进我国经济的可持续发展显得十分重要。

污水资源化是指将工业废水、生活污水、雨水等被污染的水体通过各种方式进行处理，净化，使其水质达到一定标准，能满足一定的使用目的，从而可作为一种新的水资源重新被利用的过程。污水资源化的核心是"科学开源、节流优先、治污为本"。对城市污水进行再生利用是节约及合理利用水资源的重要且有效的途径，也是防止水环境污染及促进人类可持续发展的一个重要方面，它是水资源良性社会循环的重要保障措施，代表着当今的发展潮流，对保障城市安全供水具有重要的战略意义。

二、污水资源化的实施可行性

随着地球生态环境的日益恶化和人口的快速增长，世界范围内水资源的短缺和破坏状况日益严重。由于污水再生回用不仅治理了污水，同时可以缓解部分缺水状况，因此，目前许多国家和地区都在积极开展污水资源化技术的研究与推广，尤其是在水资源日益匮乏的今天，污水再生回用技术已经引起人们的高度重视。

（一）污水回用技术成熟

污水回用已有比较成熟的技术，而且新的技术仍在不断出现。从理论上说，污水通过不同的工艺技术加以处理，可以满足任何需要。目前，国内外有大量的工程实例，将污水再生回用于工业、农业、市政杂用、景观和生活杂用等，甚至有的国家或地区采用城市污水作为对水质有更高要求的水源水。

（二）水源充足

城市污水厂的建设为污水再生回用提供了充足的源水，而且，污水处理能力还在不停增加，为城市污水再生回用创造了良好的条件，可以保证再生水用量及水质的需求。

（三）公众心理接受程度日趋提高

随着我国水处理技术的发展和舆论的正确宣传和引导，人们对污水回用的接受率将越来越高。

三、污水资源化的原则

（一）可持续发展原则

污水资源化利用既要考虑远近期经济、社会和生态环境持续协调发展，又要考虑区域之间的协调发展；既要追求提高再生水资源总体配置效率最优化，又要注意根据不同用途、不同水质进行合理配置，公平分配；既要注重再生水资源和自然水资源的综合利用形式，又要兼顾水资源的保护和治理。

（二）综合效益最优化原则

再生水资源与其他形式水资源的合理配置，应按照"优水优用，劣水劣用"的原则，科学地安排城市各类水源的供水次序和用户用水次序，最终实现再生水资源的优化配置，使水资源危机的解决与经济增长目标的冲突降至最低，从而取得经济增长和水资源保护的双赢。

（三）就近回用原则

根据污水处理厂所在地理位置、周边地区的自然社会经济条件，选择工业企业、小区居民、市政杂用和生态环境用水等方式，再生水回用采取就近原则，这样可以减轻对长距离输送管网的依赖和由此产生的矛盾。

（四）先易后难、集中与分散相结合原则

优先发展对配套设施要求不高的工业企业冷却洗涤用水回用，优先发展生态修复工程，一方面鼓励进行大规模污水处理和再生；另一方面鼓励企业和新建小区，采用分散处理的方法，进行分散化的污水回用，积极推进再生水资源在社会生活各方面的使用。

（五）确保安全原则

以人为本，彻底消除再生水利用工程的卫生安全隐患，保障广大市民的身体健康。再生水作为市政杂用水利用，必须进行有效的杀菌处理；再生水回灌城市景观河道，除满足相关水质标准的要求外，还要考虑设置生态缓冲段，利用生态修复和自然净化提高再生水的水质，改善回灌河道的水环境质量。

第七章 水资源的综合利用

第一节　水资源综合利用概述

水资源是一种特殊资源，对人类的生存和发展来讲是不可替代的物质。所以，对于水资源的利用，一定要注意水资源的综合性和永续性，也就是人们常说的水资源的综合利用和水资源的可持续利用。

水资源综合利用是通过多功能措施和合理调配水库的流量及水位，达到多目标地开发利用水资源的措施，包括兴利和除害两方面。兴利有发电、灌溉、供水、航运、植树、漂木、水产、旅游和环保等；除害有防洪、除涝、防凌等。

人类从几千年以前就开始灌溉，但在历史上用水增长缓慢。20 世纪以来，由于工农业迅速发展及人口急剧增长，用水量增加很快。人类开发利用水资源可分为两个阶段：

①单一目标开发，以需定供的自取阶段；②多目标开发，以供定需、综合利用、强化管理的阶段。随着人类社会经济的发展和人口的增加，各类用水要求日益增长，1900 年全世界人均年用水量约240m³，至 1980 年已达 850m³。对有限水资源的供需矛盾日趋尖锐；而水资源开发的难度却越来越大，需求和代价越来越高。

因此，对水资源综合开发利用，须根据国民经济和社会发展的需要，参照国土整治和环境规划，在预测各类用水需求增长的基础上，制订水资源综合开发利用和保护规划，制订水的综合性长期供求计划，及与此相适应的水资源战略。

水是大气循环过程中可再生和动态的自然资源。应该对水资源进行多功能的综合利用和重复利用，以更好地取得社会、经济和环境的综合效益。

综合利用的基本原则是：

（1）开发利用水资源要兼顾防洪、除涝、供水、灌溉、水力发电、水运、竹木流放、水产、水上娱乐及生态环境等方面的需要，但要根据具体情况，对其中一种或数种有所侧重。

（2）兼顾上下游、地区和部门之间的利益，综合协调，合理分配水资源。

（3）生活用水优先于其他一切目的的用水，水质较好的地下水、地表水优先用于饮用水。合理安排工业用水，安排必要的农业用水，兼顾环境用水，以适应社会经济稳步增长。

（4）合理引用地表水和开采地下水，以保护水资源的持续利用，防止水源枯竭和地下水超采，防止灌水过量引起土壤盐渍化，防止对生态环境产生不利影响。

（5）有效保护和节约使用水资源，厉行计划用水，实行节约用水。

为此，水资源规划措施应当注意采取的措施是：

（1）制订流域水资源综合利用规划，作为开发利用水资源与防治水害活动的基本依据。综合规划应充分反映流域内水资源和其他自然资源，如土地、森林、矿产、野生动物等资源的开发与保护间的关系。

（2）节水或更有效地利用现有水源，通过综合科学技术、经济政策、行政立法、组织管理等措施予以实现。

（3）建设一个稳定、可靠的城乡供水系统，扩大可靠水源，除筑坝蓄水、跨流域引水或开采地下水外，并考虑其他非常规扩大水源措施，如直接利用海水或海水淡化利用、污水处理再生利用、人工降雨等。

（4）控制污染、加强防治，努力保护和提高水环境质量。

（5）采取工程措施和非工程措施，运用社会、经济、技术和行政手段，加强调度、保障防洪安全。

（6）提高水资源管理水平，加强法制建设，从法律上保证水资源的合理开发和综合利用。

水资源有多种用途和功能，如灌溉、发电、航运、供水、水产和旅游等，所以，水资源的综合利用应考虑以下几个方面的内容：

（1）要从功能和用途方面考虑综合利用。

（2）单项工程的综合利用。例如，典型水利工程，几乎都是综合利用水利工程。水利工程要实现综合利用，必须有不同功能的建筑物，这些建筑物群体就像一个枢纽，故称为水利枢纽。

（3）一个流域或一个地区，水资源的利用也应讲求综合利用。

（4）从水资源的重复利用角度来讲，体现一水多用的思想。例如，水电站发电以后的水放到河道可供航运，引到农田可供灌溉等。

第二节 水力发电

一、水力发电的基本原理

在天然的河道情况下，这部分能量消耗在水流的内部摩擦，挟带泥沙及克服沿程河床阻力等方面，可以利用的部分往往很小，且能量分散。

为了充分利用两断面能量，就要有一些水利设施如壅水坝、引水渠道、隧洞等，使落差集中，以减小沿程能量消耗，同时把水流的位能、动能转换成为水轮机的机械能，通过发电机再转换成电能。

设发电流量为 Q（m^3/s）。在 Δt 内，有水体 $W = Q\Delta t$ 通过水轮机流入下游，则可得水量 W 下降 H 所做的功为

$$E = \gamma WH = \gamma Q\Delta tH = 9807Q\Delta tH \tag{7-1}$$

式中，γ（水体的容重）$= \rho$（水密度）g（重力加速度）。

式（7-1）单位为 J。但是在电力工业中，习惯用 $\text{kW} \cdot \text{h}$ 为能量单位，$1\text{kW} \cdot \text{h} = 3.6 \times 106\text{J}$，于是在时间 T 内所做的功为

$$E = 9807QTH\frac{3600}{3.6 \times 10^6} = 9.81QHT \tag{7-2}$$

由物理概念，单位时间内所做的功叫功率，故水流的功率是水流所做的功与相应时间的比值。一般的电力计算中，把功率叫出力，并用 kW 作为计算单位。

$$N = \frac{E}{T} = 9.81QH \tag{7-3}$$

但运行中由于水头损失实际出力要小一些。这些水头损失 ΔH 也可以用水力学公式来计算，所以净水头 $H_净 = H - \Delta H$。此外，由水能变为电能的过程中也都有能量损失，令 η 为总效率系数（包括水轮机、发电机和传动装置效率），即

$$\eta = \eta_{水机}\eta_{电机}\eta_{传动} \tag{7-4}$$

实际计算中，通常把机组效率作为常数来近似处理。这样，水能计算基本方程式可写成

$$N = 9.81\eta QH_净 = AQH_净 \tag{7-5}$$

式中，A 为机组效率的一个综合效率系数，称为出力系数，由水轮机模型实验提供。

水力发电实质就是利用水力（具有水头）推动水力机械（水轮机）转动，将水能转

变为机械能，如果在水轮机上接上另一种机械（发电机），随着水轮机转动便可发出电来，这时机械能又转变为电能。水力发电在某种意义上讲是将水的势能变成机械能，又变成电能的转换过程。

二、河川水能资源的基本开发方式

（一）坝式

这类水电站的特点是上、下游水位差，主要靠大坝形成，坝式水电站又有坝后式水电站和河床式水电站两种形式。

1. 坝后式水电站

厂房位于大坝后面，在结构上与大坝无关。若淹没损失相对不大，有可能筑中、高坝抬水，来获得较大的水头。

2. 河床式水电站

厂房位于河床中作为挡水建筑物的一部分，与大坝布置在一条直线上，一般只能形成50m 以内的水头，随着水位的增高，作为挡水建筑物部分的厂房上游侧剖面厚度增加，使厂房的投资增大。

（二）引水式

这类水电站的特点是上下游水位差主要靠引水形成。引水式水电站又有无压引水式水电站和有压引水式水电站两种形式。

1. 无压引水式水电站

用引水渠道从上游水库长距离引水，与自然河床产生落差。渠首与水库水面为平水无压进水，渠末接倾斜下降的压力管道进入位于下游河床段的厂房，一般只能形成100m 以内的水头，使用水头过高的话，在机组紧急停机时，渠末压力前池的水位起伏较大，水流有可能溢出渠道，不利于安全，所以电站总装机容量不会很大，属于小型水电站。

2. 有压引水式水电站

用穿山压力隧洞从上游水库长距离引水，与自然河床产生水位差。洞首在水库水面以下有压进水，洞末接倾斜下降的压力管道进入位于下游河床的厂房，能形成较高或超高的水位差。

（三）混合式

在一个河段上，同时用坝和有压引水道结合起来共同集中落差的开发方式，叫混合式开发。水电站所利用的河流落差一部分由拦河坝提高；另一部分由引水建筑物来集中以增加水头，坝所形成的水库，又可调节水量，所以兼有坝式开发和引水式开发的优点。

（四）特殊式

这类水电站的特点是上、下游水位差靠特殊方法形成。目前，特殊水电站主要包括抽水蓄能水电站和潮汐水电站两种形式。

1. 抽水蓄能水电站

抽水蓄能发电是水能利用的另一种形式，它不是开发水力资源向电力系统提供电能，而是以水体作为能量储存和释放的介质，对电网的电能供给起到重新分配和调节作用。

电网中火电厂和核电厂的机组带满负荷运行时效率高、安全性好，例如，大型火电厂机组出力不宜低于80%，核电厂机组出力不宜低于80%～90%，频繁地开机停机及增减负荷不利于火电厂和核电厂机组的经济性和安全性；因此，在凌晨电网用电低谷时，由于火电厂和核电厂机组不宜停机或减负荷，电网上会出现电能供大于求的情况，这时可启动抽水蓄能水电站中的可逆式机组接受电网的电能作为电动机—水泵运行，正方向旋转将下水库的水抽到上水库中，将电能以水能的形式储存起来；在白天电网用电高峰时，电网上会出现电能供不应求的情况，这时可用上水库推动可逆式机组反方向旋转，可逆式机组作为发电机—水轮机运行，这样可以大大改善电网的电能质量。

2. 潮汐水电站

在海湾与大海的狭窄处筑坝，隔离海湾与大海，涨潮时水库蓄水，落潮时海洋水位降低，水库放水，以驱动水轮发电机组发电。这种机组的特点是水头低、流量大。

潮汐电站一般有三种类型，即单库单向型（一个水库，落潮时放水发电）、单库双向型（一个水库，涨潮、落潮时都能发电）和双库单向型（利用两个始终保持不同水位的水库发电）。

第三节　防洪与治涝

一、防洪

（一）洪水与洪水灾害

洪水是一种峰高量大、水位急剧上涨的自然现象。洪水一般包括江河洪水、城市暴雨洪水、海滨河口的风暴潮洪水、山洪、凌汛等。就发生的范围、强度、频次、对人类的威胁性而言，中国大部分地区以暴雨洪水为主。天气系统的变化是造成暴雨进而引发洪水的直接原因，而流域下垫面特征和兴修水利工程可间接或直接地影响洪水特征及其特性。洪水的变化具有周期性和随机性。洪水对环境系统产生了有利或不利影响，即洪水与其存在的环境系统相互作用。河道适时行洪可以延缓某些地区植被过快地侵占河槽，抑制某些水生植物过度有害生长，并为鱼类提供很好的产卵基地；洪水周期性地淹没河流两岸的岸边地带和洪泛区，为陆生植物群落生长提供水源和养料；为动物群落提供很好的觅食、隐蔽和繁衍栖息场所和生活环境；洪水携带泥沙淤积在下游河滩地，可造就富饶的冲积平原。

洪水所产生的不利后果会对自然环境系统和社会经济系统产生严重冲击，破坏自然生态系统的完整性和稳定性。洪水淹没河滩，突破堤防，淹没农田、房屋，毁坏社会基础设施，造成财产损失和人畜伤亡，对人群健康、文化环境造成破坏性影响，甚至干扰社会的正常运行。由于社会经济的发展，洪水的不利作用或危害已远远超过其有益的一面，洪水灾害成为社会关注的焦点之一。

洪水给人类正常生活、生产活动和发展带来的损失和祸患称为洪灾。

（二）洪水防治

洪水是否成灾，取决于河床及堤防的状况。如果河床泄洪能力强，堤防坚固，即使洪水较大，也不会泛滥成灾；反之，若河床浅窄、曲折，泥沙淤塞、堤防残破等，使安全泄量（即在河水不发生漫溢或堤防不发生溃决的前提下，河床所能安全通过的最大流量）变得较小，则遇到一般洪水也有可能漫溢或决堤。所以，洪水成灾是由于洪峰流量超过河床的安全泄量，因而泛滥（或决堤）成灾。由此可见，防洪的主要任务是按照规定的防洪标准，因地制宜地采用恰当的工程措施，以削减洪峰流量，或者加大河床的过水能力，保证安全度汛。防洪措施主要可分为工程措施和非工程措施两大类。

1. 工程措施

防洪工程措施或工程防洪系统，一般包括以下几个方面：

（1）增大河道泄洪能力

包括沿河筑堤、整治河道、加宽河床断面、人工截弯取直和消除河滩障碍等措施。当防御的洪水标准不高时，这些措施是历史上迄今仍常用的防洪措施，也是流域防洪措施中常常不可缺少的组成部分。这些措施旨在增大河道排泄能力（如加大泄洪流量），但无法控制洪量并加以利用。

（2）拦蓄洪水控制泄量

主要是依靠在防护区上游筑坝建库而形成的多水库防洪工程系统，也是当前流域防洪系统的重要组成部分。水库拦洪蓄水，一可削减下游洪峰洪量，免受洪水威胁；二可蓄洪补枯，提高水资源综合利用水平，是将防洪和兴利相结合的有效工程措施。

（3）分洪、滞洪与蓄洪

分洪、滞洪与蓄洪三种措施的目的都是为了减少某一河段的洪峰流量，使其控制在河床安全泄量以下。分洪是在过水能力不足的河段上游适当修建分洪闸，开挖分洪水道（又称减河），将超过本河段安全泄量的那部分洪水引走。分洪水道有时可兼做航运或灌溉的渠道。滞洪是利用水库、湖泊、洼地等，暂时滞留一部分洪水，以削减洪峰流量。待洪峰一过，再腾空滞洪容积迎接下次洪峰。蓄洪则是蓄留一部分或全部洪水水量，待枯水期供给兴利部门使用。

2. 非工程措施

（1）蓄滞洪（行洪）区的土地合理利用

根据自然地理条件，对蓄滞洪（行洪）区土地、生产、产业结构、人民生活居住条件进行全面规划，合理布局，不仅可以直接减轻当地的洪灾损失，而且可取得行洪通畅，减缓下游洪水灾害之利。

（2）建立洪水预报和报警系统

洪水预报是根据前期和现时的水文、气象等信息，揭示和预测洪水的发生及其变化过程的应用科学技术。它是防洪非工程措施的重要内容之一，直接为防汛抢险、水资源合理利用与保护、水利工程建设和调度运用管理及工农业的安全生产服务。

设立预报和报警系统，是防御洪水、减少洪灾损失的前哨工作。根据预报可在洪水来临前疏散人口、财物，做好抗洪抢险准备，以避免或减少重大的洪灾损失。

（3）洪水保险

洪水保险不能减少洪水泛滥而造成的洪灾损失，但可将可能的一次性大洪水损失转化为平时缴纳保险金，从而减缓因洪灾引起的经济波动和社会不安等现象。

（4）抗洪抢险

抗洪抢险也是为了减轻洪泛区灾害损失的一种防洪措施。其中包括洪水来临前采取的紧急措施，洪水期中险工抢修和堤防监护，洪水后的清理和救灾（如发生时）善后工作。这项措施要与预报、报警和抢险材料的准备工作等联系在一起。

（5）修建村台、躲水楼、安全台等设施

在低洼的居民区修建村台、躲水楼、安全台等设施，作为居民临时躲水的安全场所，从而保证人身安全和减少财物损失。

（6）水土保持

在河流流域内，开展水土保持工作，增强浅层土壤的蓄水能力，可以延缓地面径流，减轻水土流失，削减河道洪峰洪量和含沙量。这种措施减缓中等雨洪型洪水的作用非常显著；对于高强度的暴雨洪水，虽作用减弱，但仍有减缓洪峰过分集中之效。

（三）现代防洪保障体系

工程措施和非工程措施是人们减少洪水灾害的两类不同途径，有时这两类也很难区分。过去，人们将消除洪水灾害寄托于防洪工程，但实践证明，仅仅依靠工程手段不能完全解决洪水灾害问题。非工程措施是工程措施不可缺少的辅助措施。防洪工程措施、非工程措施、生态措施、社会保障措施相协调的防洪体系即现代防洪保障体系，具有明显的综合效果。因此，需要建立现代防洪减灾保障体系，以减少洪灾损失、降低洪水风险。具体地说，必须做好以下几方面的工作：

1. 做好全流域的防洪规划，加强防洪工程建设。流域的防洪应从整体出发，做好全流域的防洪规划，正确处理流域干支流、上下游、中心城市以及防洪的局部利益与整体利益的关系；正确处理需要与可能、近期与远景、防洪与兴利等各方面的关系。在整体规划的基础上，加强防洪工程建设，根据国力分期实施，逐步提高防洪标准。

2. 做好防洪预报调度，充分发挥现有防洪措施的作用，加强防洪调度指挥系统建设。

3. 重视水土保持等生态措施，加强生态环境治理。

4. 重视洪灾保险及社会保障体系的建设。

5. 加强防洪法规建设。

6. 加强宣传教育，提高全民的环境意识及防洪减灾意识。

二、治涝

形成涝灾的因素有以下两点：

第一，因降水集中，地面径流集聚在盆地、平原或沿江沿湖洼地，积水过多或地下水位过高。

第二，积水区排水系统不健全，或因外河外湖洪水顶托倒灌，使积水不能及时排出，或者地下水位不能及时降低。

上述两方面合并起来，就会妨碍农作物的正常生长，以致减产或失收，或者使工矿区、城市淹水而妨碍正常生产和人民正常生活，这就成为涝灾。因此，必须治涝。治涝的任务是尽量阻止易涝地区以外的山洪、坡水等向本区汇集，并防御外河、外湖洪水倒灌；

健全排水系统，使能及时排除暴雨范围内的雨水，并及时降低地下水位；治涝的工程措施主要有修筑围堤和堵支联圩、开渠撇洪和整修排水系统。

（一）修筑围堤和堵支联圩

修围堤用于防护洼地，以免外水入侵，所圈围的低洼田地称为圩或垸。有些地区圩、垸划分过小，港汊交错，不利于防汛，排涝能力也分散、薄弱。最好并小圩为大圩堵塞小沟支汊，整修和加固外围大堤，并整理排水渠系，以加强防汛排涝能力，称为"堵支联圩"。必须指出，有些河湖滩地，在枯水季节或干旱年份，可以耕种一季农作物，不宜筑围堤防护。若筑围堤，必然妨碍防洪，有可能导致大范围的洪灾损失，因小失大。若已筑有围堤，应按统一规划，从大局出发，"拆堤还滩""废田还湖"。

（二）开渠撇洪

开渠即沿山麓开渠，拦截地面径流，引入外河、外湖或水库，不使向圩区汇集。若修筑围堤配合，常可收良效。并且，撇洪入水库可以扩大水库水源，有利于提高兴利效益。当条件合适时，还可以和灌溉措施中的长藤结瓜水利系统以及水力发电的集水网道开发方式结合进行。

（三）整修排水系统

整修排水系统包括整修排水沟渠栅和水闸，必要时还包括排涝泵站。排水干渠可兼航运水道，排涝泵站有时也可兼作灌溉泵站使用。

治涝标准由国家统一规定，通常表示为不大于某一频率的暴雨时不成涝灾。

第四节　灌溉

水资源开发利用中，人类首先是用水灌溉农田。灌溉是耗水大户，也是浪费水及可节约水的大户。我国历来将灌溉农业的发展看成是一项安邦治国的基本国策。随着可利用水资源的日趋紧张，重视灌水新技术的研究，探索节水、节能、节劳力的灌水方法，制定经济用水的灌溉制度，加强灌溉水资源的合理利用，已成为水资源综合开发中的重要环节。

一、作物需水量

农作物的生长需要保持适宜的农田水分。农田水分消耗主要有植株蒸腾、株间蒸发和深层渗漏。植株蒸腾是指作物根系从土壤中吸入体内的水分，通过叶面气孔蒸散到大气中的现象；株间蒸发是指植株间土壤或田面的水分蒸发；深层渗漏是指土壤水分超过田间持水量，向根系吸水层以下土层的渗漏，水稻田的渗漏也称田间渗漏。通常把植株蒸腾和株间蒸发的水量合称为作物需水量。作物各阶段需水量的总和，即为作物全生育期的需水量。水稻田常将田间渗漏量计入需水量之内，并称为田间耗水量。

作物需水量可由试验观测数据提供。在缺乏试验资料时，一般通过经验公式估算作物需水量。作物需水量受气象、土壤、作物特性等因素的影响，其中以气象因素和土壤含水率的影响最为显著。

二、作物的灌溉制度

灌溉是人工补充土壤水分，以改善作物生长条件的技术措施。作物灌溉制度，是指在一定的气候、土壤、地下水位、农业技术、灌水技术等条件下，对作物播种（或插秧）前至全生育期内所制订的一整套田间灌水方案。它是使作物生育期保持最好的生长状态，达到高产、稳产及节约用水的保证条件，是进行灌区规划、设计、管理、编制和执行灌区用水计划的重要依据及基本资料。灌溉制度包括灌水次数、每次灌水时间、灌水定额、灌溉定额等内容。灌水定额是指作物在生育期间单位面积上的一次灌水量。作物全生育期，需要多次灌水，单位面积上各次灌水定额的总和为灌溉定额。两者单位皆用 m^3/m^2 或用灌溉水深 mm 表示。灌水时间指每次灌水比较合适的起讫日期。

不同作物有不同的灌溉制度。例如：水稻一般采用淹灌，田面持有一定的水层，水不断向深层渗漏，蒸发蒸腾量大，需要灌水的次数多，灌溉定额大；旱作物只须在土壤中有适宜的水分，土壤含水量低，一般不产生深层渗漏，蒸发耗水少，灌水次数也少，灌溉定额小。

同一作物在不同地区和不同的自然条件下，有不同的灌溉制度，如稻田在土质黏重、地势低洼地区，渗漏量小，耗水少；在土质轻、地势高的地区，渗漏量、耗水量都较大。

对于某一灌区来说，气候是灌溉制度差异的决定因素。因此，不同年份，灌溉制度也不同。干旱年份，降水少，耗水大，需要灌溉次数也多，灌溉定额大；湿润年份相反，甚至不需要人工灌溉。为满足作物不同年份的用水需要，一般根据群众丰产经验及灌溉试验资料，分析总结制定出几个典型年（特殊干旱年、干旱年、一般年、湿润年等）的灌溉制度，用以指导灌区的计划用水工作。灌溉方法不同，灌溉制度也不同。如喷灌、滴灌的水量损失小，渗漏小，制定灌溉制度时，必须从当地、当年的具体情况出发进行分析研究，统筹考虑。因此，灌水定额、灌水时间并不能完全由事先拟定的灌溉制度决定。如雨期前缺水，可取用小定额灌水；霜冻或干热危害时应提前灌水；大风时可推迟灌水，避免引起作物倒伏等。作物生长需水关键时期要及时灌水，其他时期可据水源等情况灵活执行灌溉制度。我国制定灌溉制度的途径和方法有以下几种：第一种是根据当地群众丰产灌溉实践经验进行分析总结制定，群众的宝贵经验对确定灌水时间、灌水次数、稻田的灌水深度等都有很大参考价值，但对确定旱作物的灌水定额，尤其是在考虑水文年份对灌溉的影响等方面，只能提供大致范围；第二种是根据灌溉试验资料制定灌溉制度，灌溉试验成果虽然具有一定的局限性，但在地下水利用量、稻田渗漏量、作物日需水量、降雨有效利用系数等方面，可以提供准确的资料；第三种是按农田水量平衡原理通过分析计算制定灌溉制度，这种方法有一定的理论依据和比较清楚的概念，但也必须在前两种方法提供资料的基础上，才能得到比较可靠的成果。生产实践中，通常将三种方法并用，相互参照，最后确定出切实可行的灌溉制度，作为灌区规划、设计、用水管理工作的依据。

三、灌溉用水量

灌溉用水按目的可分为播前灌溉、生育期灌溉、储水灌溉（提前储存水量）、培肥灌溉、调温灌溉、冲淋灌溉等。灌溉目的不同，灌溉用水的特点也不同。一般情况下，灌溉用水应满足水量、水质、水温、水位等方面的要求。水量方面，应满足各种作物、各生育阶段对灌溉用水量的要求。水质方面，水流中的含沙量与含盐量，应低于作物正常生长的允许值。水温方面，应不低于作物正常生长的允许值。水位方面，应尽量保证灌溉时需要的控制高程。

四、灌溉技术及灌溉措施

灌溉技术是在一定的灌溉措施条件下，能适时、适量、均匀灌水，并能省水、省工、节能，使农作物达到增产目的而采取的一系列技术措施。灌溉技术的内容很多，除各种灌溉措施有各种相应的灌溉技术外，还可分为节水节能技术、增产技术。在节水节能技术中，有工程方面和非工程方面的技术，其中，非工程技术又包括灌溉管理技术和作物改良方面的技术等。

灌溉措施是指向田间灌水的方式，即灌水方法，有地面灌溉、地下灌溉、喷灌、滴灌等。

（一）地面灌溉

地面灌溉是水由高向低沿着田面流动，借水的重力及土壤毛细管作用，湿润土壤的灌水方法，是世界上最早、最普通的灌水方法。按田间工程及湿润土壤方式的不同，地面灌溉又分畦灌、沟灌、淹灌、漫灌等。漫灌即田面不修畦、沟、埂，任水漫流，是一种不科学的灌水方法。主要缺点是灌地不匀，严重破坏土壤结构，浪费水量，抬高地下水位，易使土壤盐碱化、沼泽化。非特殊情况应尽量少用。

（二）地下灌溉

地下灌溉又叫渗灌、浸润灌溉，是将灌溉水引入埋设在耕作层下的暗管，通过管壁孔隙渗入土壤，借毛细管作用由下而上湿润耕作层。

地下灌溉具有以下优点：能使土壤基本处于非饱和状态，使土壤湿润均匀，湿度适宜，因此，土壤结构疏松，通气良好，不产生土壤板结，并且能经常保持良好的水、肥、气、热状态，使作物处于良好的生育环境；能减少地面蒸发，节约用水；便于灌水与田间作业同时进行，灌水工作简单等。其缺点是：表层土壤湿润较差，造价较高，易淤塞，检修维护工作不便。因此，此法适用于干旱缺水地区的作物灌溉。

（三）喷灌

喷灌是利用专门设备，把水流喷射到空中，散成水滴洒落到地面，如降雨般地湿润土壤的灌水方法。一般由水源工程、动力机械、水泵、管道系统、喷头等组成，统称喷灌系统。

喷灌具有以下优点：可灵活控制喷洒水量；不会破坏土壤结构，还能冲洗作物茎、叶上的尘土，有利于光合作用；能节水、增产、省劳力、省土地，还可防霜冻、降温；可结合化肥、农药等同时使用。其主要缺点是：设备投资较高，需要消耗动力；喷灌时受风力影响，喷洒不均。喷灌适用于各种地形、各种作物。

（四）滴灌

滴灌是利用低压管道系统将水或含有化肥的水溶液一滴一滴地、均匀地、缓慢地滴入作物根部土壤，是维持作物主要根系分布区最适宜的土壤水分状况的灌水方法。滴灌系统一般由水源工程、动力机、水泵、管道、滴头及过滤器、肥料等组成。

滴灌的主要优点是节水性能很好。灌溉时用管道输水，洒水时只湿润作物根部附近的土壤，既避免了输水损失，又减少了深层渗漏，还消除了喷灌中水流的漂移损失，蒸发损失也很小。滴灌是现代各种灌溉方法中最省水的一种，在缺水干旱地区、炎热的季节、透水性强的土壤、丘陵山区、沙漠绿洲尤为适用。其主要缺点是滴头易堵塞，对水质要求较高。其他优缺点与喷灌相同。

第五节　其他水利部门

除了防洪、治涝、灌溉和水力发电之外，尚有内河航运、城市和工业供水、水利环境保护、淡水水产养殖等水利部门。

一、内河航运

内河航运是指利用天然河湖、水库或运河等陆地内的水域进行船、筏浮运，既是交通运输事业的一个重要组成部分，又是水利事业的一个重要部门。作为交通运输来说，内河航运由内河水道、河港与码头、船舶三部分组成一个内河航运系统，在规划、设计、经营管理等方面，三者紧密联系、互相制约。特别是在决定其主要参数的方案经济比较中，常常将三者作为一个整体来进行分析评价。但是，将它作为一项水利部门来看时，我们的着眼点主要在于内河水道，因为它在水资源综合利用中是一个不可分割的组成部分。至于船舶，通常只将其最大船队的主要尺寸作为设计内河水道的重要依据之一，而对于河港和码头，则只看作是一项重要的配套工程，因为它们与水资源利用和水利计算并没有直接关系。因此，这里我们只简要介绍有关内河水道的概念及其主要工程措施，而不介绍船舶与码头。

一般来说，内河航运只利用内河水道中水体的浮载能力，并不消耗水量。利用河、湖航运，需要一条连续而通畅的航道，它一般只是河流整个过水断面中较深的一部分。它应具有必需的基本尺寸，即在枯水期的最小深度和最小宽度、洪水期的桥孔水上最小净高和最小净宽等；并且，还要具有必需的转弯半径，以及允许的最大流速。这些数据取决于计划通航的最大船筏的类型、尺寸及设计通航水位，可查阅内河水道工程方面的资料。天然航道除了必须具备上述尺寸和流速外，还要求河床相对稳定和尽可能全年通航。有些河流只能季节性通航，例如，有些多沙河流以及平原河流，常存在不断的冲淤交替变化，因而河床不稳定，造成枯水期航行困难；有些山区河流在枯水期河水可能过浅，甚至干涸，而在洪水期又可能因山洪暴发而流速过大；还有些北方河流，冬季封冻，春季漂凌流冰。这些都可能造成季节性的断航。

如果必须利用为航道的天然河流不具备上述基本条件，就需要采取工程措施加以改善，这就是水道工程的任务。

二、疏浚与整治工程

对航运来说，疏浚与整治工程是为了修改天然河道枯水河槽的平面轮廓，疏浚险滩，清除障碍物，以保证枯水航道的必需尺寸，并维持航道相对稳定。但这主要适用于平原河流。整治建筑物有多种，用途各不相同。疏浚与整治工程的布置最好通过模型试验决定。

（一）渠化工程与径流调节

这是两个性质不同但又密切相关的措施。渠化工程是沿河分段筑闸坝，以逐段升高河水水位，保证闸坝上游枯水期航道必需的基本尺寸，使天然河流运河化（渠化）。渠化工程主要适用于山丘区河流。平原河流，由于防洪、淹没等原因，常不适于渠化。径流调节是利用湖泊、水库等蓄洪，以补充枯水期河水之不足，因而可提高湖泊、水库下游河流的枯水期水位，改善通航条件。

（二）运河工程

这是人工开凿的航道，用于沟通相邻河湖或海洋。我国主要河流多半横贯东西，因此，开凿南北方向的大运河具有重要意义。并且，运河可兼作灌溉、发电等的渠道。运河跨越高地时，需要修建船闸，并要拥有补给水源，以经常保持必要的航深。运河所需补给水量，主要靠河湖和水库等来补给。

在渠化工程和运河工程中，船筏通过船闸时，要耗用一定的水量。尽管这些水量仍可供下游水利部门使用，但对于取水处的河段、水库、湖泊来说，是一种水量支出。船闸耗水量的计算方法可参阅内河水道工程方面的书籍。由于各月船筏过闸次数有变化，所以，船闸月耗水量及月平均流量也有一定变化。通常在调查统计的基础上，求出船闸月平均耗水流量过程线，或近似地取一固定流量，供水利计算做依据。此外，用径流调节措施来保证下游枯水期通航水位时，可根据下游河段的水文资料进行分析计算，求出通航需水流量过程线，或枯水期最小保证流量，作为调节计算的依据。

三、水利环境保护

水利环境保护是自然环境保护的重要组成部分，大体上包括：防治水域污染、生态保护及与水利有关的自然资源合理利用和保护等。

地球上的天然水中，经常含有各种溶解的或悬浮的物质，其中有些物质对人或生物有害。尽管人和生物对有害物质有一定的耐受能力，天然水体本身又具有一定的自净能力（即通过物理、化学和生物作用，使有害物质稀释、转化），但水体自净能力有一定限度。

如果侵入天然水体的有害物质，其种类和浓度超过了水体自净能力，并且超过了人或生物的耐受能力（包括长期积蓄量），就会使水质恶化到危害人或生物的健康与生存的程度，这称为水域污染。

防治水域污染的关键在于废水、污水的净化处理和生产技术的改进，使有害物质尽量不侵入天然水域。为此，必须对污染源进行调查和对水域污染情况进行监测，并采取各种有效措施制止污染源继续污染水域。经过净化处理的废水、污水中，可能仍含有低浓度的有害物质，为防止其积累富集，应使排水口尽可能分散在较大范围中，以利于稀释、分解、转化。

对于已经污染的水域，为促进和强化水体的自净作用，要采取一定的人工措施。例如，保证被污染的河段有足够的清水流量和流速，以促进污染物质的稀释、氧化；引取经过处理的污水灌溉，促使污水氧化、分解并转化为肥料（但不能使有毒元素进入农田）等。在采取某种措施前，应进行周密的研究与试验，以免导致相反效果或产生更大的危害。目前，比较困难的是水库和湖泊污染的治理，因为其流速很小，污染物质容易积累，水体自净作用很弱。特别是库底、湖底沉积的淤泥中，积累的无机毒物较难清除。

四、城市和工业供水

城市和工业供水的水源大体上有水库、河湖、井泉等。在综合利用水资源时，对供水要求，必须优先考虑，即使水资源量不足，也一定要保证优先满足供水。这是因为居民生活用水绝不允许长时间中断，而工业用水若匮缺超过一定限度，也将使国民经济遭到严重损失。一般说来，供水所需流量不大，只要不是极度干旱年份，往往不难满足。通常，在编制河流综合利用规划时，可将供水流量取为常数，或通过调查做出需水流量过程线备用。

供水对水质要求较高，尤其是生活用水及某些工业用水（如食品、医药、纺织印染及产品纯度较高的化学工业等）。在选择水源时，应对水质进行仔细检验。供水虽属耗水部门，但很大一部分用过的水成为生活污水和工业废水排出。废水与污水必须净化处理后，才允许排入天然水域，以免污染环境引起公害。

五、淡水水产养殖（或称渔业）

这是指在水利建设中如何发展水产养殖。修建水库可以形成良好的深水养鱼场所，但是拦河筑坝会妨碍洄游性的鱼类繁殖。所以，在开发利用水资源时，一定要考虑渔业的特殊要求。为了使水库渔场便于捕捞，在蓄水前应做好库底清理工作，特别要清除树木、墙垣等障碍物。还要防止水库的污染，并保证在枯水期水库里留有必需的最小水深和水库面积，以利鱼类生长。也应特别注意河湖的水质和最小水深。

特别要重视的是洄游性野生鱼类的繁殖问题。有些鱼类需要在河湖淡水中甚至山溪浅水急流中产卵孵化，却在河口或浅海育肥成长；另一些鱼类则要在河口或近海产卵孵化，却上溯到河湖中育肥成长。水利建设中常须拦河筑坝、闸，以致截断了洄游性鱼类的通路，使它们有绝迹的危险。因鱼类洄游往往有季节性，故采取的必要措施大体如下：

1. 在闸、坝旁修筑永久性的鱼梯（鱼道），供鱼类自行过坝，其形式、尺寸及布置，常须通过试验确定，否则难以收效。

2. 在洄游季节，间断地开闸，让鱼类通行，此法效果尚好，但只适用于上下游水位差较小的情况。

3. 利用机械或人工方法，捞取孕卵活亲鱼或活鱼苗，运送过坝，此法效果较好，但工作量大。

利用鱼梯过鱼或开闸放鱼等措施，须耗用一定水量，在水利水能规划中应计及。

第八章 水资源评价与保护

第一节 水资源评价的要求与内容

一、水资源评价的一般要求

1. 水资源评价是水资源规划的一项基础工作。首先应该调查、收集、整理、分析利用已有资料，在必要时再辅以观测和试验工作。水资源评价使用的各项基础资料应具有可靠性、合理性与一致性。

2. 水资源评价应分区进行。各单项评价工作在统一分区的基础上，可根据该项评价的特点与具体要求，再划分计算区或评价单元。首先，水资源评价应按江河水系的地域分布进行流域分区。全国性水资源评价要求进行一级流域分区和二级流域分区；区域性水资源评价可在二级流域分区的基础上，进一步分出三级流域分区和四级流域分区。另外，水资源评价还应按行政区划进行行政分区。全国性水资源评价的行政分区要求按省（自治区、直辖市）和地区（市、自治州、盟）两级划分；区域性水资源评价的行政分区可按省（自治区、直辖市）、地区（市、自治州、盟）和县（市、自治县、旗、区）三级划分。

3. 全国及区域水资源评价应采用日历年，专项工作中的水资源评价可根据需要采用水文年。计算时段应根据评价目的和要求选取。

4. 应根据经济社会发展需要及环境变化情况，每隔一定时期对前次水资源评价成果进行全面补充修订或再评价。

二、水资源评价的内容及分区

水资源评价应包括以下主要内容：

1. 水资源评价的背景与基础。主要是指评价区的自然概况、社会经济现状、水利工程及水资源利用现状等。

2. 水资源数量评价。主要对评价区域地表水、地下水的数量及其水资源总量进行估算和评价，属基础水资源评价。

3. 水资源质量评价。根据用水要求和水的物理、化学和生物性质对水体质量做出评价。我国水资源评价主要应对河流泥沙、天然水化学特征及水资源污染状况等进行调查和评价。

4. 水资源开发利用及其影响评价。通过对社会经济、供水基础设施和供用水现状的调查，对供用水效率、存在问题和水资源开发利用现状对环境的影响进行分析。

5. 水资源综合评价。在上述四部分内容的基础上，采用全面综合和类比的方法，从定性和定量两个角度对水资源的时空分布特征、利用状况，以及与社会经济发展的协调程度做出综合评价，主要内容包括水资源供需发展趋势分析、水资源条件综合分析和水资源与社会经济协调程度分析等。

为准确掌握不同区域水资源的数量和质量以及水量转换关系，区分水资源要素在地区间的差异，揭示各区域水资源供需特点和矛盾，水资源评价应分区进行。其目的是把区内错综复杂的自然条件和社会经济条件，根据不同的分析要求，选用相应的特征指标，进行分区概化，使分区单元的自然地理、气候、水文和社会经济、水利设施等各方面条件基本一致，便于因地制宜有针对性地进行开发利用。水资源评价分区的主要原则如下：

1. 尽可能按流域水系划分，保持大江大河干支流的完整性，对自然条件差异显著的干流和较大支流可分段划区。山区和平原区要根据地下水补给和排泄特点加以区分。

2. 分区基本上能反映水资源条件在地区上的差别，自然地理条件和水资源开发利用条件基本相同或相似的区域划归同一分区，同一供水系统划归同一分区。

3. 边界条件清楚，区域基本封闭，尽量照顾行政区划的完整性，以便于资料收集和整理，且可以与水资源开发利用与管理相结合。

4. 各级别的水资源评价分区应统一，上下级别的分区相一致，下一级别的分区应参考上一级别的分区结果。

按以上原则逐级分区，就全国而言，先按流域和水系划分一级区，再根据水文和水文地质特征及水资源开发利用条件划分为二级或三级区。

第二节　水资源综合评价

一、水资源数量评价

水资源数量评价是指对评价区内的地表水资源、地下水资源及水资源总量进行估算和评价，是水资源评价的基础部分，因此也称为基础水资源评价。

（一）地表水资源数量评价的内容和要求

1. 地表水资源数量评价

（1）单站径流资料统计分析。

（2）主要河流（一般指流域面积大于 5000km² 的大河）年径流量计算。

（3）分区地表水资源数量计算。

（4）地表水资源时空分布特征分析。

（5）入海、出境、入境水量计算。

（6）地表水资源可利用量估算。

（7）人类活动对河川径流的影响分析。

2. 单站径流资料的统计分析的要求

（1）凡资料质量较好、观测系列较长的水文站均可作为选用站，包括国家基本站、专用站和委托观测站。各河流控制性观测站为必须选用站。

（2）受水利工程、用水消耗、分洪决口影响而改变径流情势的观测站，应进行还原计算，将实测径流系列修正为天然径流系列。

（3）统计大河控制站、区域代表站历年逐月的天然径流量，分别计算长系列和同步系列年径流量的统计参数；统计其他选用站的同步期天然年径流量系列，并计算其统计参数。

（4）主要河流年径流量计算。选择河流出山口控制站的长系列径流量资料，分别计算长系列和同步系列的平均值及不同频率的年径流量。

3. 分区地表水资源量计算的要求

（1）针对各分区的不同情况，采用不同方法计算分区年径流量系列；当区内河流有水文站控制时，根据控制站天然年径流量系列，按面积比修正为该地区年径流系列；在没有测站控制的地区，可利用水文模型或自然地理特征相似地区的降雨径流关系，由降水系列推求径流系列；还可通过绘制年径流深等值线图，从图上量算分区年径流量系列，经合理性分析后采用。

（2）计算各分区和全评价区同步系列的统计参数和不同频率的年径流量。

（3）应在求得年径流系列的基础上进行分区地表水资源量的计算。入海、出境、入境水量的计算应选取河流入海口或评价区边界附近的水文站，根据实测径流资料，采用不同方法换算为入海断面或出、入境断面的逐年水量，并分析其年际变化趋势。

（二）地下水资源量的计算与评价

1. 地下水资源数量评价的内容和要求

地下水资源数量评价内容包括：补给量、排泄量、可开采量的计算和时空分布特征分析，以及人类活动对地下水资源的影响分析。

在地下水资源数量评价之前，应获取评价区以下资料：

（1）地形地貌、地质构造及水文地质条件。

（2）降水量、蒸发量、河川径流量。

（3）灌溉引水量、灌溉定额、灌溉面积、开采井数、单井出水量、地下水实际开采量、地下水动态、地下水水质。

（4）包气带及含水层的岩性、层位、厚度及水文地质参数，对岩溶地下水分布区还应搞清楚岩溶分布范围、岩溶发育程度。

地下水资源数量评价应符合下列要求：

（1）根据水文气象条件、地下水埋深、含水层和隔水层的岩性、灌溉定额等资料的综合分析，确定地下水资源数量评价中所必需的水文地质参数，主要包括给水度、降水入渗补给系数、潜水蒸发系数等。给水度是指地下水位下降单位深度所排出的水层厚度，与地下水埋深、土壤特性等有关，降水入渗补给系数指降水入渗补给量与降水量的比值，潜水蒸发系数指潜水蒸发强度与同期水面蒸发强度的比值。

（2）地下水资源数量评价的计算系列尽可能与地表水资源数量评价的计算系列同步，应进行多年平均地下水资源数量评价。

（3）地下水资源数量按水文地质单元进行计算，并要求分别计算、评价流域分区和行政分区地下水资源量。

2. 水资源总量评价的内容与要求

水资源总量评价，是在地表水和地下水资源数量评价的基础上进行的，主要内容包括

"三水"（降水、地表水、地下水）关系分析、水资源总量计算和水资源可利用总量估算。"三水"转化和平衡关系的分析内容应符合下列要求：

（1）分析不同类型区"三水"转化机理，建立降水量与地表径流、地下径流、潜水蒸发、地表蒸散发等分量的平衡关系，提出各种类型区的水资源总量表达式。

（2）分析相邻类型区（主要指山丘区和平原区）之间地表水和地下水的转化关系。

（3）分析人类活动改变产流、入渗、蒸发等下垫面条件后对"三水"关系的影响，预测水资源总量的变化趋势。

水资源总量分析计算应符合下列要求：

（1）分区水资源总量的计算途径有两种（可任选其中一种方法计算）：一是在计算地表水资源数量和地下水补给量的基础上，将两者相加再扣除重复水量；二是划分类型区，用区域水资源总量表达式直接计算。

（2）应计算各分区和全评价区同期的年水资源总量系列、统计参数和不同频率的水资源总量；在资料不足地区，组成水资源总量的某些分量难以逐年求得时，则只计算多年平均值。

（3）利用多年均衡情况下的区域水量平衡方程式，分析计算各分区水文要素的定量关系，揭示产流系数、降水入渗补给系数、蒸散发系数和产水模数的地区分布情况，并结合降水量和下垫面因素的地带性规律，检查水资源总量计算成果的合理性。

二、水资源质量评价

（一）评价的内容和要求

水资源质量的评价，应根据评价的目的、水体用途、水质特性，选用相关的参数和相应的国家、行业或地方水质标准进行评价。内容包括：河流泥沙分析、天然水化学特征分析、水资源污染状况评价。

河流泥沙是反映河川径流质量的重要指标，主要评价河川径流中的悬移质泥沙。天然水化学特征是指未受人类活动影响的各类水体在自然界水循环过程中形成的水质特征，是水资源质量的本底值。水资源污染状况评价是指地表水、地下水资源质量的现状及预测，其内容包括污染源调查与评价、地表水资源质量现状评价、地表水污染负荷总量控制分析、地下水资源质量现状评价、水资源质量变化趋势分析及预测、水资源污染危害及经济损失分析、不同质量的可供水量估算及适用性分析。

对水质评价，可按时间分为回顾评价、预断评价；按用途分为生活饮用水评价、渔业水质评价、工业水质评价、农田灌溉水质评价、风景和游览水质评价；按水体类别分为江河水质评价、湖泊水库水质评价、海洋水质评价、地下水水质评价；按评价参数分为单要素评价和综合评价；对同一水体更可以分别对水、水生物和底质评价。

地表水资源质量评价应符合下列要求：

（1）在评价区内，应根据河道的地理特征、污染源分布、水质监测站网，划分成不同河段（湖、库区）作为评价单元。

（2）在评价大江、大河水资源质量时，应划分成中泓水域与岸边水域，分别进行评价。

（3）应描述地表水资源质量的时空变化及地区分布特征。

（4）在人口稠密、工业集中、污染物排放量大的水域，应进行水体污染负荷总量控制分析。

（二）评价方法介绍

水资源质量评价是水资源评价的一个重要方面，是对水资源质量等级的一种客观评价。无论是地表水还是地下水，水资源质量评价都是以水质调查分析资料为基础的，可以分为单项组分评价和综合评价。单项组分评价是将水质指标直接与水质标准比较，判断水质属于哪一等级。综合评价是根据一定评价方法和评价标准综合考虑多因素进行的评价。

水资源质量评价因子的选择是评价的基础，一般应按国家标准和当地的实际情况来确定评价因子。

评价标准的选择，一般应依据国家标准和行业或地方标准来确定，同时还应参照该地区污染起始值或背景值。

对于水资源质量综合评价，有多种方法，大体可以分为评分法、污染综合指数法、一般统计法、数理统计法、模糊数学综合评判法、多级关联评价方法、Hamming 贴近法等，不同的方法各有优缺点。现介绍几种常用的方法。

1. 评分法

这是水资源质量综合评价的常用方法。其具体要求与步骤如下：

（1）首先进行各单项组分评价，划分组分所属质量类别。

（2）对各类别分别确定单项组分评价分值 F_i。

（3）按式（8-1）计算综合评价分值 F：

$$F = \sqrt{\frac{\overline{F^2} + F_{max}^2}{2}}$$

$$\overline{F} = \frac{1}{n}\sum_{i=1}^{n} F_i \tag{8-1}$$

式中 $\overline{F}$ ——各单项组分评分值 F_i 的平均值；

$\quad F_{max}$ ——单项组分评分值 F_i 中的最大值；

$\quad n$ ——项数。

2. 污染综合指数法

污染综合指数法是以某一污染要素为基础，计算污染指数，以此为判断依据进行评价。计算公式为

$$I = \frac{C_i}{C_0} \tag{8-2}$$

式中 C_i ——水中某组分的实测浓度；

$\quad I$ ——单要素污染综合指数；

$\quad C_0$ ——背景值或对照值。

当背景值为一区间值时，采用下式计算 I 值：

$$I = |C_i - \overline{C_0}| / (C_{0max} - \overline{C_0}) \tag{8-3}$$

或

$$I = |C_i - \overline{C_0}| / (\overline{C_0} - C_{0min}) \tag{8-4}$$

式中 C_{0max}，C_{0min} ——背景值或对照值的区间最大值和最小值；

$\quad \overline{C_0}$ ——背景值或对照值的区间中值；

其他符号意义同前。

这种方法可以对各种污染组分在不同时段（如枯水期、丰水期）分别进行评价。当 $I \leqslant 1$ 时为未污染；当 $I > 1$ 时为污染，并可根据 I 值进行污染程度分级。该方法因其直观、简便，被广泛应用。

3. 一般统计法

这种方法以检测点的检出值与背景值或饮用水卫生标准做比较，统计其检出数、检出率、超标率等。一般以表格法来反映，最后根据统计结果来评价水资源质量。其中，检出率是指污染组成占全部检测数的百分数。超标率是指检出污染浓度超过水质标准的数量占全部检测数的百分数。对于受污染的水体，可以根据检出率确定其污染程度，比如，单项检出率超过 50%，即为严重污染。

4. 多级关联评价方法

多级关联评价是一种复杂系统的综合评价方法。它是依据监测样本与质量标准序列间

的几何相似分析与关联测度，来度量监测样本中多个序列相对某一级别质量序列的关联性。关联度越高，就说明该样本序列越贴近参照级别，这就是多级关联综合评价的信息和依据。它的特点是：

（1）评价的对象可以是一个多层结构的动态系统，即同时包括多个子系统；

（2）评价标准的级别可以用连续函数表达，也可以在标准区间内做更细致的分级；

（3）方法简单可行，易与现行方法对比。

三、水资源综合评价的内容

水资源综合评价是在水资源数量、质量和开发利用现状评价以及环境影响评价的基础上，遵循生态良性循环、资源永续利用、经济可持续发展的原则，对水资源时空分布特征、利用状况与社会经济发展的协调程度所做的综合评价，主要包括水资源供需发展趋势分析、评价区水资源条件综合分析和分区水资源与社会经济协调程度分析三方面的内容。

水资源供需发展趋势分析，是指在将评价区划分为若干计算分区，摸清水资源利用现状和存在问题的基础上，进行不同水平年、不同保证率或水资源调节计算期的需水和可供水量的预测以及水资源供需平衡计算，分析水资源的余缺程度，进而研究分析评价区社会和经济发展中水的供需关系。

水资源条件综合分析是对评价区水资源状况及开发利用程度的总括性评价，应从不同方面、不同角度进行全面综合和类比，并进行定性和定量的整体描述。

分区水资源与社会经济协调程度分析包括建立评价指标体系、进行分区分类排序等内容。评价指标应能反映分区水资源对社会经济可持续发展的影响程度、水资源问题的类型及解决水资源问题的难易程度。另外，应对所选指标进行筛选和关联分析，确定重要程度，并在确定评价指标体系后，采用适当的理论和方法，建立数学模型对评价分区水资源与社会经济协调发展情况进行综合评判。

水资源不足在我国普遍存在，只是严重程度有所不同，不少地区水资源已成为经济和社会发展的重要制约因素。在水资源综合评价的基础上，应提出解决当地水资源问题的对策或决策，包括可行的开源节流措施或方案，对开源的可能性和规模、节流的措施和潜力应予以科学的分析和评价；同时，对评价区内因水资源开发利用可能发生的负效应特别是对生态环境的影响进行分析和预测。进行正负效应的比较分析，从而提出避免和减少负效应的对策，供决策者参考。

第三节　水资源开发利用评价

水资源开发利用评价主要是对水资源开发利用现状及其影响的评价，是对过去水利建设成就与经验的总结，是对如何合理进行水资源的综合开发利用和保护规划的基础性前期工作，其目的是增强流域或区域水资源规划时的全局观念和宏观指导思想，是水资源评价工作中的重要组成部分。

一、水资源开发利用现状分析的任务

水资源开发利用现状分析主要包括两方面任务：一是开发现状分析；二是利用现状分析。

水资源开发现状分析，是分析现状水平年情况下，水利工程在流域开发中的作用。这一工作需要调查分析这些工程的建设发展过程、使用情况和存在的问题；分析其供水能力、供水对象和工程之间的相互影响，并主要分析流域水资源的开发程度和进一步开发的潜力。

水资源利用现状分析，是分析现状水平年情况下，流域用水结构、用水部门的发展过程和目前的需水水平、存在的问题及今后的发展变化趋势。重点分析现状情况下的水资源利用效率。

水资源开发现状分析和水资源利用现状分析二者既有联系又有区别，水资源开发现状分析侧重于对流域开发工程的分析，主要研究流域水资源的开发程度和进一步开发的潜力；水资源利用现状分析，侧重于对流域内用水效率的分析，主要研究流域水资源的利用率。水资源开发现状分析与水资源利用现状分析是相辅相成的，因而有时难以对二者的内容进行严格区分。

二、水资源开发利用现状分析的内容

水资源开发利用现状分析是评价一个地区水资源利用的合理程度，找出所存在的问题，并有针对性地采取措施促进水资源合理利用的有效手段。下面按照水资源开发利用现状分析的主要内容进行叙述。

（一）供水基础设施及供水能力调查统计分析

供水基础设施及供水能力调查统计分析以现状水平年为基准年，分别调查统计研究区地表水源、地下水源和其他水源供水工程的数量和供水能力，以反映当地供水基础设施的现状情况。在统计工作的基础上，通常还应分类分析它们的现状情况、主要作用及存在的主要问题。

（二）供水量调查统计分析

供水量是指各种水源工程为用水户提供的包括输水损失在内的毛供水水量。对跨流域跨省区的长距离地表水调水工程，以省（自治区、直辖市）收水口作为毛供水量的计算点。

在受水区内，可按取水水源分为地表水源供水量、地下水源供水量进行统计。地表水源供水量以实测引水量或提水量作为统计依据，无实测水量资料时可根据灌溉面积、工业产值、实际毛用水定额等资料进行估算。地下水源供水量是指水井工程的开采量，按浅层淡水、深层承压水和微咸水分别统计。供水量统计工作，是分析水资源开发利用的关键环节，也是水资源供需平衡分析计算的基础。

（三）供水水质调查统计分析

供水水量评价计算仅仅是其中的一方面，还应该对供水的水质进行评价。原则上应依照供水水质标准进行评价。

（四）用水量调查统计及用水效率分析

用水量是指分配给用水户，包括输水损失在内的毛用水量。用水量调查统计分析可按照农业、工业、生活三大类进行统计，并把城（镇）乡分开。在用水调查统计的基础上，计算农业用水指标、工业用水指标、生活用水指标以及综合用水指标，以评价用水效率。

（五）实际消耗水量计算

实际消耗水量是指毛用水量在输水、用水过程中，通过蒸散发、土壤吸收、产品带走、居民和牲畜饮用等多种途径消耗掉而不能回归到地表水体或地下水体的水量。

农业灌溉耗水量包括作物蒸腾、棵间蒸散发、渠系水面蒸发和浸润损失等水量，可以通过灌区水量平衡分析方法进行推求，也可以采用耗水机理建立水量模型进行计算。工业耗水量包括输水和生产过程中的蒸发损失量、产品带走水量、厂区生活耗水量等，可以用工业取水量减去废污水排放量来计算，也可以用万元产值耗水量来估算。生活耗水量包括城镇、农村生活用水消耗量，牲畜饮水量以及输水过程中的消耗量，可以采用引水量减去污水排放量来计算，也可以采用人均或牲畜标准头日用水量来推求。

（六）水资源开发利用引起不良后果的调查与分析

天然状态的水资源系统是未经污染和人类破坏影响的天然系统。人类活动或多或少会对水资源系统产生一定影响，这种影响可能是负面的，也可能是正面的，影响的程度也有大有小。如果人类对水资源的开发不当或过度开发，必然导致一定的不良后果，比如，废污水的排放导致水体污染；地下水过度开发导致水位下降、地面沉降、海水入侵；生产生活用水挤占生态用水导致生态破坏等。因此，在水资源开发利用现状分析过程中，要对水资源开发利用导致的不良后果进行全面调查与分析。

（七）水资源开发利用程度综合评价

在调查分析的基础上，需要对区域水资源的开发利用程度做一个综合评价，具体计算指标包括地表水资源开发率、平原区浅层地下水开采率、水资源利用消耗率。其中，地表水资源开发率是指地表水源供水量占地表水资源量的百分比；平原区浅层地下水开采率是指地下水开采量占地下水资源量的百分比；水资源利用消耗率是指用水消耗量占水资源总量的百分比。

在这些指标计算的基础上，可综合水资源利用现状，分析评价水资源开发利用的程度，说明水资源开发利用程度是高等、中等还是低等。

第四节　水资源保护

一、水资源保护概述

水是生命的源泉，它滋润了万物，哺育了生命。我们赖以生存的地球有70%是被水覆盖着，而其中97%为海水，与我们生活关系最为密切的淡水只有3%，而淡水中又有70%～80%为冰川淡水，目前很难利用。因此，我们能利用的淡水资源是十分有限的，并且受到污染的威胁。

中国水资源分布存在如下特点：总量不丰富，人均占有量更低；地区分布不均，水土资源不相匹配；年内年际分配不匀，旱涝灾害频繁。而水资源开发利用中的供需矛盾日益加剧。首先是农业干旱缺水，随着经济的发展和气候的变化，中国农业，特别是北方地区农业干旱缺水状况加重，干旱缺水成为影响农业发展和粮食安全的主要制约因素；其次是城市缺水，中国城市缺水，特别是改革开放以来，城市缺水越来越严重。同时，农业灌溉造成水的浪费，工业用水浪费也很严重，城市生活污水浪费惊人。

目前，我国的水资源环境污染已经十分严重，根据我国环保部门的有关数据：我国的主要河流有机污染严重，水源污染日益突出。大型淡水湖泊中大多数湖泊处在富营养状态，水质较差。另外，全国大多数城市的地下水受到污染，局部地区的部分指标超标。由于一些地区过度开采地下水，导致地下水位下降，引发地面坍塌和沉陷、地裂缝和海水入侵等地质问题，并形成地下水位降落漏斗。

农业、工业和城市供水需求量不断提高导致了有限的淡水资源更为紧张。为了避免水危机，我们必须保护水资源。水资源保护是指为防止因水资源不恰当利用造成的水源污染和破坏而采取的法律、行政、经济、技术、教育等措施的总和。水资源保护的主要内容包括水量保护和水质保护两个方面。在水量保护方面，主要是对水资源统筹规划、涵养水源、调节水量、科学用水、节约用水、建设节水型工农业和节水型社会。在水质保护方面，主要是制订水质规划，提出防治措施。具体工作内容是制定水环境保护法规和标准；进行水质调查、监测与评价；研究水体中污染物质迁移、污染物质转化和污染物质降解与水体自净作用的规律；建立水质模型，制订水环境规划；实行科学的水质管理。

水资源保护的核心是根据水资源时空分布、演化规律，调整和控制人类的各种取用水行为，使水资源系统维持良性循环的状态，以达到水资源的可持续利用。水资源保护不是以恢复或保持地表水、地下水的天然状态为目的的活动，而是积极的、促进水资源开发利用更合理、更科学。水资源保护与水资源开发利用是对立统一的，两者既相互制约，又相互促进。保护工作做得好，水资源才能可持续开发利用；开发利用科学合理了，也就达到了保护的目的。

水资源保护工作应贯穿在人与水的各个环节中。从更广泛的意义上讲，正确客观地调查、评价水资源，合理地规划和管理水资源，都是水资源保护的重要手段，因为这些工作是水资源保护的基础。从管理的角度来看，水资源保护主要是"开源节流"、防治和控制水源污染。它一方面涉及水资源、经济、环境三者平衡与协调发展的问题，另一方面还涉及各地区、各部门、集体和个人用水利益的分配与调整。这里既有工程技术问题，也有经济学和社会学问题。同时，还要广大群众积极响应，共同参与，就这一点来说，水资源保护也是一项社会性的公益事业。

二、水资源保护措施

早在 20 世纪 60 年代，就已知中国一些省份的地下水受到了砷污染。自那以后，受影响人口的数量连年增长。长期接触即使少量的砷也可能引发人体机能严重失调，包括色素沉着、皮肤角化症、肝肾疾病和多种癌症。

砷中毒是国内一种"最严重的地方性疾病"，其慢性不良反应包括癌症、糖尿病和心血管病。我国一直在对水井进行耗时的检测，不过这个过程需要数十年时间才能完成。这也促使相关研究人员制作有效的电脑模型，以便能预测出哪些地区最有可能处于危险当中。

根据《中华人民共和国水法》和《中华人民共和国水污染防治法》的相关规定，我国公民有义务按照以下措施对水资源进行保护：

（一）加强节约用水管理

依据《中华人民共和国水法》和《中华人民共和国水污染防治法》有关节约用水的规定，应从以下四个方面抓好落实。

1. 落实建设项目节水"三同时"制度

即新建、扩建、改建的建设项目，应当制订节水措施方案并配套建设节水设施；节水设施与主体工程同时设计、同时施工、同时投产；今后新、改、扩建项目，先向水务部门报送节水措施方案，经审查同意后，项目主管部门才批准建设，项目完工后，对节水设施验收合格后才能投入使用，否则供水企业不予供水。

2. 大力推广节水工艺、节水设备和节水器具

新建、改建、扩建的工业项目，项目主管部门在批准建设和水行政主管部门批准取水许可时，以生产工艺达到省规定的取水定额要求为标准；对新建居民生活用水、机关事业及商业服务业等用水强制推广使用节水型用水器具，凡不符合要求的，不得投入使用。通过多种方式促进现有非节水型器具改造，对现有居民住宅供水计量设施全部实行户表外移改造，所需资金由地方财政、供水企业和用户承担，对新建居民住宅要严格按照"供水计量设施户外设置"的要求进行建设。

3. 调整农业结构，建设节水型高效农业

推广抗旱、优质农作物品种，推广工程措施、管理措施、农艺措施和生物措施相结合的高效节水农业配套技术，农业用水逐步实行计量管理、总量控制，实行节奖超罚的制度，适时开征农业水资源费，由工程节水向制度节水转变。

4. 启动节水型社会试点建设工作

突出抓好水权分配、定额制定、结构调整、计量监测和制度建设，通过用水制度改革，建立与用水指标控制相适应的水资源管理体制，大力开展节水型社区和节水型企业创建活动。

（二）合理开发利用水资源

1. 严格限制自备井的开采和使用

已被划定为深层地下水严重超采区的城市，今后除为解决农村饮水困难确需取水的不再审批开凿新的自备井，市区供水管网覆盖范围内的自备井，限时全部关停；对于公共供水不能满足用户需求的自备井，安装监控设施，实行定额限量开采，适时关停。

2. 贯彻水资源论证制度

国民经济和社会发展规划以及城市总体规划的编制，重大建设项目的布局，应与当地水资源条件相适应，并进行科学论证。项目取水先期进行水资源论证，论证通过后方能由项目主管部门立项。调整产业结构、产品结构和空间布局，切实做到以水定产业，以水定规模，以水定发展，确保用水安全，以水资源可持续利用支撑经济可持续发展。

3. 做好水资源优化配置

鼓励使用再生水、微咸水、汛期雨水等非传统水资源；优先利用浅层地下水，控制开采深层地下水，综合采取行政和经济手段，实现水资源优化配置。

（三）加大污水处理力度，改善水环境

1. 根据《入河排污口监督管理办法》的规定，对现有入河排污口进行登记，建立入河排污口管理档案。此后设置入河排污口的，应当在向环境保护行政主管部门报送建设项目环境影响报告书之前，向水行政主管部门提出入河排污口设置申请，水行政主管部门审查同意后，合理设置。

2. 积极推进城镇居民区、机关事业及商业服务业等再生水设施建设。建筑面积在万平方米以上的居民住宅小区及新建大型文化、教育、宾馆饭店设施，都必须配套建设再生水利用设施；没有再生水利用设施的在用大型公建工程，也要完善再生水配套设施。

3. 足额征收污水处理费。各省、市应当根据特定情况，制定并出台《污水处理费征收管理办法》。要加大污水处理费征收力度，为污水处理设施运行提供资金支持。

4. 加快城市排水管网建设，要按照"先排水管网，后污水处理设施"的建设原则，加快城市排水管网建设。在新建设时，必须建设雨水管网和污水管网，推行雨污分流排水体系；要在城市道路建设改造的同时，对城市排水管网进行雨、污分流改造和完善，提高污水收集率。

（四）深化水价改革，建立科学的水价体系

1. 利用价格杠杆促进节约用水，保护水资源。逐步提高城市供水价格，不仅包括供

水合理成本和利润，还要包括户表改造费用、居住区供水管网改造等费用。

2. 合理确定非传统水源的供水价格。再生水价格以补偿成本和合理收益原则，结合水质、用途等情况，按城市供水价格的一定比例确定。要根据非传统水源的开发利用进展情况，及时制定合理的供水价格。

3. 积极推行"阶梯式水价（含水资源费）"。电力、钢铁、石油、纺织、造纸、啤酒、酒精七个高耗水行业，应当实施"定额用水"和"阶梯式水价（含水资源费）"。水价分三级，级差为 1：2：10。工业用水的第一级含量，按《省用水定额》确定，第二、三级水量为超出基本水量 10（含）和 10 以上的水量。

（五）加强水资源费征管和使用

1. 加大水资源费征收力度。征收水资源费是优化配置水资源、促进节约用水的重要措施。使用自备井（农村生活和农业用水除外）的单位和个人都应当按规定缴纳水资源费（含南水北调基金）。水资源费（含南水北调基金）主要用于水资源管理、节约、保护工作和南水北调工程建设，不得挪作他用。

2. 加强取水的科学管理工作，全面推动水资源远程监控系统建设、智能水表等科技含量高的计量设施安装工作，所有自备井都要安装计量设施，实现水资源计量、收费和管理的科学化、现代化、规范化。

（六）加强领导，落实责任，保障各项制度落实到位

水资源管理、水价改革和节约用水涉及面广、政策性强、实施难度大，各部门要进一步提高认识，确保责任到位、政策到位。落实建设项目节水措施"三同时"和建设项目水资源论证制度，取水许可和入河排污口审批、污水处理费和水资源费征收、节水工艺和节水器具的推广都需要有法律、法规做保障，对违法、违规行为要依法查处，确保各项制度措施落实到位。要大力做好宣传工作，使人民群众充分认识到我国水资源的严峻形势，增强水资源的忧患意识和节约意识，形成"节水光荣，浪费可耻"的良好社会风尚，形成共建节约型社会的合力。

参考文献

［1］赵静，盖海英，杨琳. 水利工程施工与生态环境［M］. 长春：吉林科学技术出版社，2021.

［2］左毅军，蒋兆英. 农田水利基础理论与应用［M］. 北京：科学技术文献出版社，2021.

［3］贾志胜，姚洪林. 水利工程建设项目管理［M］. 长春：吉林科学技术出版社，2020.

［4］束东. 水利工程建设项目施工单位安全员业务简明读本［M］. 南京：河海大学出版社，2020.

［5］张子贤，王文芬. 水利工程经济［M］. 北京：中国水利水电出版社，2020.

［6］严力蛟，蒋子杰. 水利工程景观设计［M］. 北京：中国轻工业出版社，2020.

［7］林雪松，孙志强，付彦鹏. 水利工程在水土保持技术中的应用［M］. 郑州：黄河水利出版社，2020.

［8］赵永前. 水利工程施工质量控制与安全管理［M］. 郑州：黄河水利出版社，2020.

［9］闫文涛，张海东. 水利水电工程施工与项目管理［M］. 长春：吉林科学技术出版社，2020.

［10］于朝霞，任喜龙，魏路锋. 水环境综合治理与水资源保护［M］. 长春：吉林科学技术出版社，2021.

［11］孙祥鹏，廖华春. 大型水利工程建设项目管理系统研究与实践［M］. 郑州：黄河水利出版社，2019.

［12］孙玉玥，姬志军，孙剑. 水利工程规划与设计［M］. 长春：吉林科学技术出版社，2019.

［13］刘春艳，郭涛. 水利工程与财务管理［M］. 北京：北京理工大学出版社，2019.

［14］袁俊周，郭磊，王春艳. 水利水电工程与管理研究［M］. 郑州：黄河水利出版社，2019.

［15］黑亮. 污水处理与资源化利用［M］. 郑州：黄河水利出版社，2021.

［16］牛广伟. 水利工程施工技术与管理技术实践［M］. 北京：现代出版社，2019.

［17］万红，张武. 水资源规划与利用［M］. 成都：电子科技大学出版社，2018.

［18］王永党，李传磊，付贵. 水文水资源科技与管理研究［M］. 汕头：汕头大学出版社，2018.

［19］侯超普. 水利工程建设投资控制及合同管理实务［M］. 郑州：黄河水利出版社，2018. 12.

［20］赵宇飞，祝云宪，姜龙，等. 水利工程建设管理信息化技术应用［M］. 北京：中国水利水电出版社，2018.

［21］王海雷，王力，李忠才. 水利工程管理与施工技术［M］. 北京：九州出版社，2018.

［22］高占祥. 水利水电工程施工项目管理［M］. 南昌：江西科学技术出版社，2018.

［23］潘奎生，丁长春. 水资源保护与管理［M］. 长春：吉林科学技术出版社，2019.

［24］李泰儒. 水资源保护与管理研究［M］. 长春：吉林大学出版社，2019.

［25］杨波. 水环境水资源保护及水污染治理技术研究［M］. 北京：中国大地出版社，2019.

［26］刘景才，赵晓光，李璇. 水资源开发与水利工程建设［M］. 长春：吉林科学技术出版社，2019.

［27］李纯洁，胡珊. 郑州市水资源开发利用及保护对策研究［M］. 郑州：黄河水利出版社，2020.

［28］张占贵，李春光，王磊，等. 水文与水资源基本理论与方法［M］. 沈阳：辽宁大学出版社，2020.

［29］刘凯，刘安国，左婧，等. 水文与水资源利用管理研究［M］. 天津：天津科学技术出版社，2021.

［30］贾艳辉. 水资源优化配置耦合模型及应用［M］. 郑州：黄河水利出版社，2021.